DL/T 572 — 2010

《电力变压器运行规程》

培训教材

电力行业电力变压器标准化技术委员会 编

中国电力出版社
CHINA ELECTRIC POWER PRESS

内 容 提 要

DL/T 572—2010《电力变压器运行规程》规定了电力变压器运行的基本要求、运行条件、运行维护、不正常运行和处理，以及安装、检修、试验和验收的要求，用于指导电力变压器的运行维护工作。

为了使电力变压器用户更好的使用该规程，提高变压器运行维护水平，电力行业电力变压器标准化技术委员会在总结标准实施过程中的实际经验，并广泛征求标委会委员和使用单位专家意见的基础上，组织编写本辅导教材。

本教材对 DL/T 572—2010《电力变压器运行规程》条文进行了逐条注释，可以帮助读者正确理解、准确把握相关要求。

本教材可供电力变压运行人员参考。

图书在版编目（CIP）数据

DL/T 572—2010《电力变压器运行规程》培训教材 / 电力行业电力变压器标准化技术委员会编. —北京：中国电力出版社，2015.4
（2020.9 重印）
ISBN 978-7-5123-5602-3

Ⅰ．①D… Ⅱ．①电… Ⅲ．①电力变压器–运行–规程–技术培训–教材 Ⅳ．①TM410.6–65

中国版本图书馆 CIP 数据核字（2014）第 035525 号

中国电力出版社出版、发行

（北京市东城区北京站西街 19 号 100005 http://www.cepp.sgcc.com.cn）
北京博图彩色印刷有限公司印刷
各地新华书店经售

＊

2015 年 4 月第一版 2020 年 9 月北京第二次印刷
850 毫米×1168 毫米 32 开本 2.5 印张 60 千字
印数 3001—4000 册 定价 **12.00** 元

本书编写委员会

序

　　电力变压器是电网的重要设备。为了帮助从事电力变压器运行、检修、维护和管理等工作的工程技术人员进一步了解相关标准、掌握标准、更好地使用标准，电力行业电力变压器标准化技术委员会专门组织有一定实践经验的资深人士，为一些重要标准编写了辅导教材。

　　本次一共编写了 DL/T 572—2010《电力变压器运行规程》等四项标准的辅导教材，供大家参考使用。今后标委会还将继续进行此项工作，以满足电力变压器专业技术人员对相关标准的不断需求。

　　在编写过程中，得到了中国电力企业联合会的大力支持和协助，同时也得到了电力系统知名专家的指导，在此一并表示感谢！

2014 年 12 月

前　　言

DL/T 572—2010《电力变压器运行规程》学习辅导教材，介绍了电力变压器运行的基本要求、运行条件、运行维护、不正常运行和处理，以及安装、检修、试验和验收的要求。

DL/T 572—2010《电力变压器运行规程》是在总结最近十几年变压器运行维护方面的实践并充分汲取运行单位和变压器专业技术人员经验的基础上修订的，将代替 DL/T 572—1995《电力变压器运行规程》，在原规程的基础上，引入近年来在变压器运行管理、检测、防止事故措施等领域的新技术、新方法、新理念，使新规程条款更符合设备管理实际的需要。修订后的规程调整了适用范围，增加了新内容，包括：气体继电器、突变压力继电器、压力释放阀、温度计、油位计、冷却器、油流继电器等非电量保护器件的运行维护要求；"冷却装置故障时的运行方式和处理要求"，对油浸（自然循环）风冷和干式风冷变压器、强油循环风冷和强油循环水冷变压器的冷却装置全停及部分故障的要求进行了说明；变压器承受短路冲击的运行管理措施和变压器承受短路冲击后的记录和试验要求等。

为了使变压器用户更好的理解并使用 DL/T 572—2010《电力变压器运行规程》，电力行业电力变压器标准化技术委员会组织编写了本教材，对新规程的内容进行了详细阐述，对重要问题进行了细致的解释。

由于编者水平有限，教材中难免存在疏漏或不妥之处，为了今后能更好地改进我们的工作，希望广大读者提出宝贵意见和建议，并反馈至电力行业电力变压器标准化技术委员会秘书处（武汉市洪山区珞喻路 143 号，430074）。

电力行业电力变压器标准化技术委员会
2014 年 12 月

目　录

序
前言

第一部分
绪　　论

　　电力变压器是电力系统中最关键的设备之一，是电能变化、传递的核心。电力变压器的安全稳定运行是电网安全的前提和保障；电力系统一旦出现变压器事故，由于修复周期长，对系统正常运行影响较大，以至影响对用户的供电。所以，电力系统对电力变压器的安全运行一向高度重视。

　　为保证电力变压器的安全运行，就需要有一套严格的规章制度，为此，《电力变压器运行规程》是建国以来最早出现的电力系统标准之一，经过 60 多年、几代人的不断修改、完善，最新一版中华人民共和国电力行业标准 DL/T 572—2010《电力变压器运行规程》由中国电力企业联合会提出，由电力行业电力变压器标准化技术委员会归口，由国家能源局于 2010 年 5 月 24 日发布，并于 2010 年 10 月 1 日实施。该规程规定了电力变压器的基本要求、运行条件、运行维护、不正常运行和处理，以及安装、检修、试验、验收等方面的要求。

　　2010 年 5 月 24 日发布的规程是根据 2007 年国家发展和改革委员会行业标准修订、制定计划（发改办工业［2007］1415 号文）电力行业计划序号第 19 项安排修订的。变压器标委会于 2007 年在山东烟台启动了 DL/T 572—1995《电力变压器运行规程》修订工作，在烟台会议中对原规程逐条进行了讨论，提出了下一步修订的主要内容及原则。历次修订会议吸纳了国家电网公司、南方电网公司、发电厂、变压器制造厂、变压器组部件制造厂等多个单位的专家提出的修订意见和建议。

2008 年 5 月 23 日～26 日，变压器标委会在武汉组织召开了标委会 2008 年第一次工作会议。修订小组提交了 DL/T 572—1995《电力变压器运行规程》（讨论稿），参会专家及修订小组成员对修订稿进行了讨论。

2008 年 8 月～9 月，中国电力科学研究院在国家电网公司系统内，广泛征求了各网省公司变压器专责的意见。安徽、上海、湖南、辽宁、华北、江西等网省公司对本规程修订提供了宝贵意见。

2008 年 12 月 13 日～15 日，电力行业电力变压器标委会在上海召开了"电力行业电力变压器标准化技术委员会 2008 年年会。与会委员对标准修改稿进行了深入、认真的讨论，并提出了进一步修改完善的意见，一致认为修订后的标准充分反映了当前全国变压器行业的发展现状，能很好地指导包括供电企业、发电企业等单位变压器设备运行、检修工作，同意标准报批。

一、2010 版标准修订的依据与指导思想

（1）依照 GB/T 1.1—2009 的要求和规定编写本标准内容。

（2）本标准要与已发布实施的相关国家标准在技术要求方面进行很好地衔接。

（3）本标准的主要内容是我国变压器类设备运行管理的技术依据，因此，标准中的技术要求具体反映出我国在变压器类设备管理中的基本要求和导向。

（4）在原规程的基础上，引入近年来在变压器运行管理、检测、防止事故措施等领域的新技术、新方法、新理念，使本标准条款更符合设备管理实际的需要。

（5）本标准提出的理论方法科学合理，技术要求先进，要在实际运行中具有可操作性，产生良好的经济效益。

二、2010 版的主要修订内容

（一）适用范围

2010 版规程适用范围由原规程的"1kV 及以上的电力变压

器"修订为"35kV～750kV 的电力变压器",换流变压器、电抗器、发电厂厂用变压器等同类设备可参照执行。进口电力变压器,一般按本规程执行,必要时可参照制造厂的有关规定。

(二)标准引用文件

严格按照 DL/T 600—2001《电力行业标准编写基本规定》,对引用文件进行了梳理,结果如下:

GB 1094.5 电力变压器

GB 1094.11 干式电力变压器

GB 10228 干式电力变压器技术参数和要求

GB/T 17211 干式电力变压器负载导则

GB 6451—2008 油浸式电力变压器技术参数和要求

GB/T 15164 油浸式电力变压器负载导则

GB J 148 电气装置安装工程电力变压器、油浸电抗器、互感器施工及验收规范

DL/T 573 电力变压器检修导则

DL/T 596 电力设备预防性试验规程

(三)基本要求

(1)删除原规程 3.1.3 中关于熔断器保护的内容。

(2)对变压器的冷却装置的要求进行了调整,主要包括:

1)强油循环的冷却系统必须有两个独立的工作电源并能自动手动切换。当工作电源发生故障时,应发出音响、灯光等报警信号,应自动投入备用电源并发出音响及灯光信号,查明为电源故障后可手动投入一路工作电源带全部负荷运行。有人值班变电站,强油风冷变压器的冷却装置全停,宜投信号;无人值班变电站,条件具备时宜投跳。

2)增加"有两组或多组冷却系统的变压器,应具备自动分组延时启停功能。"

3)增加"潜油泵应采用 E 级或 D 级轴承,油泵应选用较低转速油泵(小于 1500r/min)。"

4）增加"发电厂变压器发电机出口开关的合、断应与发电机主变冷却器作连锁，即当发电机并网其出口开关合入后，并网机组主变压器冷却器应自动投入，当发电机解列其出口开关断开后，冷却器应自动停止"。

（3）有关变压器运行的其他要求中，删除"大中型变压器应有永久或临时性起吊钟罩设施及所需的工作场地"。

（4）增加"变压器铁芯接地点必须引至变压器底部，变压器中性点应有两根与主地网不同地点连接的接地引下线，且每根接地线应符合热稳定要求"。

（5）技术文件要求中根据 5+1 管理规范及修订小组成员意见进行了局部调整。

（四）变压器运行方式

（1）删除了与配电变压器相关的内容。

（2）关于变压器短期急救负载有专家提出：当变压器出现过负荷运行时，必须在以下规定的运行时间内，迅速拉减负荷，使负荷降低到变压器额定容量以下，并同时注意变压器顶层油温不超过规定温度。

1）当负荷不超过额定容量的 1.3 倍时，允许运行 30min；

2）当负荷不超过额定容量的 1.2 倍时，允许运行 60min；

3）当负荷不超过额定容量的 1.1 倍时，允许运行 120min。

因不同地区对过负荷水平的需求及管理策略存在较大差异，在本次修订过程中暂未采纳，仅供各单位参考。

（五）变压器的运行维护

（1）变压器的运行监视中，主要增加以下要求：

1）"定期对现场仪表和远方仪表进行校对"等；

2）设视频监视系统的无人值班变电站，应能监视变压器储油柜的油位、套管油位、气体继电器、有载分接开关机构和压力释放器。

（2）对变压器日常巡视检查、特殊巡视检查、定期检查等的维护周期及内容进行了调整。

（3）变压器的投运和停运的主要修订内容如下：

1）增加"变压器带较轻负载运行时，应轮流投入部分冷却器，其数量不超过制造厂规定空载时的运行台数。"

2）新装、大修、事故检修或换油后的变压器，在施加电压前静止时间要求中，删除了"若有特殊情况不能满足上述规定，须经本单位总工程师批准。"

（4）参考国家电网公司十八项反措规定，增加了如下内容："新安装和大修后的变压器应严格按照有关标准或厂家规定进行真空注油和热油循环，真空度、抽真空时间、注油速度及热油循环时间、温度均应达到要求。对有载分接开关的油箱应同时按照相同要求抽真空。装有密封胶囊或隔膜的大容量变压器，必须严格按照制造厂说明书规定的工艺要求进行注油，防止空气进入，并结合大修或停电对胶囊和隔膜的完好性进行检查。"

（5）在中性点接地系统中，增加了"10kV 及以上中性点接小电抗的系统，投运时可以带小电抗投入。"

（6）删除了消弧线圈的相关规定。

（7）将原规程中"瓦斯保护装置的运行"要求扩大到"保护装置的运行及维护"，重点修订了"气体继电器"、"突变压力继电器"、"压力释放阀"、"温度计"、"油位计"、"冷却器"、"油流继电器"等非电量保护器件的运行维护要求。

（8）变压器的并列运行中，在原规程规定的基础上提出了量化指标，如阻抗电压值相等偏差小于 10%。

（9）增加了防止变压器短路损坏的措施及要求。

（六）变压器的不正常运行和处理

（1）在变压器应立即停运的要求中，增加了"干式变压器温度突升至 120℃"。

（2）增加了"冷却装置故障时的运行方式和处理要求"，对油浸（自然循环）风冷和干式风冷变压器、强油循环风冷和强油循环水冷变压器的冷却装置全停及部分故障的要求进行了说明。

（3）增加了"变压器承受短路冲击后，应记录并上报短路电流峰值、短路电流持续时间，必要时应开展绕组变形测试、直流电阻测量、油色谱分析"等试验。

第二部分
标准相关条文的解读

1 范围

本规程规定了电力变压器（下称变压器）运行的基本要求、运行条件、运行维护、不正常运行和处理，以及安装、检修、试验、验收的要求。

本规程适用于电压为35kV～750kV的电力变压器。换流变压器、电抗器、发电厂厂用变压器等同类设备可参照执行。进口电力变压器，一般按本规程执行，必要时可参照制造厂的有关规定。

【条文解读】

本规程对变压器运行管理中的设备选型、巡视和维护、负荷管理、缺陷和故障处理、技术管理等工作提出了具体要求，是抓好设备运行管理工作，实施全方位、全过程、多层次动态生产管理的依据，对设备在数十年运行期间自身的安全运行和发挥设备效能有重要意义。本规程总结了各运行单位的实践和经验，既从国内技术经济现状出发，也考虑到近期可能的发展需要，使变压器（电抗器）设备运行管理符合技术先进合理、经济适用、安全可靠的原则。同时注意与现行有关标准、规范的衔接协调。本规程具有较广泛的适应性，各运行单位还应结合本地区实际情况制定相应的实施细则。2010年版运行规程取消了原标准中的1kV～35kV以下变压器、消弧线圈和调压器等相关内容。

2 规范性引用文件

下列文件中的条款通过本标准的引用而成为本标准的条款。凡是注日期的引用文件，其随后所有的修改单（不包括勘误的内容）或修订版均不适用于本标准，然而，鼓励根据本标准达成协议的各方研究是否可使用这些文件的最新版本。凡是不注日期的引用文件，其最新版本适用于本标准。

GB 1094.5 电力变压器

GB 1094.11 干式电力变压器

GB 6451—2008 油浸式电力变压器技术参数和要求

GB 10228 干式电力变压器技术参数和要求

GB/T 15164 油浸式电力变压器负载导则

GB/T 17211 干式电力变压器负载导则

GB J 148 电气装置安装工程电力变压器、油浸电抗器、互感器施工及验收规范

DL/T 573 电力变压器检修导则

DL/T 596 电力设备预防性试验规程

【条文解读】

本章根据 GB/T 1.1《标准化工作导则　第 1 部分：标准的结构和编写》的要求编写。新标准对原引用标准作了删减和补充，由 17 个引用文件减少为 10 个，其中，国家标准为 7 个，行业标准为 3 个。其中有 5 个标准是原标准经修订后采用的。规范性引用文件在标准正文中均作了引用。

原标准中的 5 个标准予以保留：

（1）GB 1094.5—2008《电力变压器　第 1 部分　承受短路的能力》；

（2）GB/T 6451—2008《油浸式电力变压器技术参数和要求》；

（3）GBJ148《电气装置安装工程电力变压器油浸电抗器、互感器施工及验收规范》；

（4）DL/T 573《电力变压器检修导则》；

（5）DL/T 574《变压器分接开关运行维修导则》。

新增加的引用文件为：

（1）GB/T 1094.7《电力变压器 第7部分 油浸电力变压器负载导则》；

（2）GB 1094.11《干式电力变压器》；

（3）GB/T 10228《干式电力变压器技术参数和要求》；

（4）GB/T 17211《干式电力变压器负载导则》；

（5）DL/T 596《电力设备预防性试验规程》；

引用文件未注明年代的，其最新版本均适用于本标准。

3 基本要求

3.1 保护、测量、冷却装置

【条文解读】

（1）删除原规程3.1.3中关于熔断器保护的内容。小容量变压器采用熔断器保护的还是大量存在（如220kV变电站的外电源站用变压器等），原规程的内容仍可作参考。

（2）对变压器冷却装置的要求进行了调整，主要包括：

1）"强油循环的冷却系统必须有两个独立的工作电源并能自动和手动切换。当工作电源发生故障时，应发出音响、灯光等报警信号。"当一路电源故障时，应自动投入备用电源带出全部负荷运行并发出音响及灯光信号。有人值班变电站，强油风冷变压器的冷却装置全停，宜投信号；无人值班变电站，条件具备时宜投跳闸。

2）增加"有两组或多组冷却系统（器）的变压器，应具备自动分组延时启停功能"。变压器冷却系统一般设置辅助和备用两种启动方式，有一组冷却器跳闸后，先启动辅助冷却器，如果继续存在问题，再启动备用冷却器。现有的变压器采用自冷、风冷和强油风冷三种冷却方式，它们依据负荷等事先设定的冷却系统运行方式逐步加强冷却，其切换一般是由自动回路完成的。

3）增加"潜油泵应采用 E 级或 D 级轴承，油泵应选用较低转速油泵（小于 1500r/min）。"这个要求是在设备采购、选型时需要注意的。

4）增加"发电厂变压器发电机出口开关的合、断应与发电机主变压器冷却器作连锁，即当发电机并网其出口开关合上后，并网机组的主变压器冷却器应自动投入，当发电机解列其出口开关断开后，冷却器应自动停止"。

5）增加了"散热器应经蝶阀固定在变压器油箱上或采取独立落地支撑，以便在安装或拆卸时变压器油箱不必放油。"

3.1.1　变压器应按 GB 6451 等有关标准的规定装设保护和测量装置。

【条文解读】

GB 6451 规定了额定容量为 30kVA 及以上，电压等级为 6kV、10kV、20kV、35kV、66kV、110kV、220kV、330kV 和 500kV 三相及 500kV 单相油浸式电力变压器的性能参数、技术要求、测试项目及标志、起吊、安装、运输和储存。适用于电压等级为 6kV～500kV、额定容量为 30kVA 及以上、额定频率为 50Hz 的油浸式电力变压器。GB 6451 技术要求中对变压器保护和测量装置的要求主要包括安全保护装置、油保护装置、油温测量装置三个方面。

3.1.2　油浸式变压器本体的安全保护装置、冷却装置、油保护装置、温度测量装置和油箱及附件等应符合 GB 6451—2008 的要求。干式变压器有关装置应符合 GB 10228 相应的技术要求。

【条文解读】

GB 6451 的要求随着电压等级和容量的不同有着不同的要求，具体应参考 GB 6451 的相关规定。主要要求包括：

（一）气体继电器和速动油压继电器

35kV 设备不强制要求气体继电器，由使用单位与制造单位协商，800kVA 及以上的变压器宜装有气体继电器，66kV 及以上变压器应装设气体继电器。气体继电器的触点容量在交流 220V 或 110V 时不小于 66VA，直流有感负载时，不小于 15W。变压器油箱和联管的设计应使气体易于汇集在气体继电器内，变压器不得有存气现象。积聚在气体继电器内的气体数量达到 250mL～300mL 或油速在整定范围内时，应分别接通相应的触点。气体继电器的安装位置及其结构应能观察到分解气体的数量和颜色，而且应便于取气体。当变压器油箱内的压力上升速度威胁到油箱安全时，速动油压继电器应能使变压器退出运行。

（二）压力释放阀及其他安全保护装置

（1）对于密封式变压器，均应装有压力保护装置。35kV 密封式变压器，应保证在最高环境温度与允许负载状态下，压力保护装置不动作，在最低环境温度与变压器空载状态下，变压器能正常运行。

（2）66kV 及以上电压等级变压器应装有压力释放阀，当变压器油箱内压力达到安全限值时，压力释放阀应可靠地释放压力。其中，500kV 变压器至少应在变压器油箱长轴两端，各设置一个压力释放阀。

（3）带有套管式电流互感器的 66kV 及以上电压等级变压器，应供给信号测量和保护装置辅助回路用的端子箱。

（4）66kV 及以上电压等级变压器所有管道最高处或容易窝气处，应设置放气塞。

（5）110kV 及以上电压等级变压器有载调压变压器的有载

分接开关，应有自己的保护装置。

（三）冷却系统及控制箱

（1）对于 35kV 和 66kV 油浸风冷式变压器，应供给全套风冷却装置，如散热器、风扇电动机和控制装置等。风扇电动机的电源电压为三相、380V、50Hz，风扇电动机应有短路保护。

（2）110kV 及以上电压等级变压器的要求为：

1）应根据冷却方式供给全套冷却装置，但若为水冷却方式，则不供给水路装置（如水泵、水箱、管路和阀门等）。

2）对于风冷变压器应供给吹风装置控制箱。当负载电流达到额定电流的 2/3 或油面温度达到 65℃时，应当投入吹风装置。当负载电流低于额定电流的 1/2 或油面温度低于 50℃时，可切除风扇电动机。

3）对于采用散热器冷却的变压器，其冷却方式可能存在多种组合方式（如 OFAF 变压器，另外还可产生 ONAN、ONAF、OFAN 三种方式），各种冷却方式下的容量分配及控制程序由用户与制造单位协商。

4）对于强油风冷和强油水冷冷却器的变压器需供给冷却系统及控制箱。

5）控制箱的强油循环装置控制线路应满足下列要求：

a. 变压器在运行中，其冷却系统应按负载和温度情况自动投入或切除相应数量的冷却器；

b. 当切除故障冷却器时，作为备用的冷却器应自动投入运行；

c. 当冷却系统的电源发生故障或电压降低时，应自动投入备用电源；

d. 当投入备用电源、备用冷却器、切除冷却器和电动机损坏时，均应发出相应的信号。

6）强油风冷或强油水冷的油泵电动机及风扇电动机，应分别有过载、短路和断相保护。

7）强油风冷及强油水冷冷却器的动力电源电压应为三相交流 380V，控制电源电压为交流 220V。

8）强油风冷及强油水冷变压器，当冷却系统发生故障切除全部冷却器时，在额定负载下允许运行 20min。当油面温度尚未达到 75℃时，允许上升到 75℃，但切除冷却器后的最长运行时间不得超过 1h。

9）对于采用强迫油循环冷却器的变压器，其冷却油流系统中不应出现负压。

（3）油保护装置。

1）除油箱内部充有气体的密封式变压器外，各电压等级变压器应装有储油柜，其结构应便于清理内部。储油柜的一端应装有油位计，储油柜的容积应保证在最高环境温度与允许负载状态下油不溢出，在最低环境温度与变压器未投入运行时，应能观察到油位指示。

2）各电压等级变压器储油柜应有注油、放油和排污油装置，并加装带有油封的吸湿器。

3）35kV 变压器如果采取了防油老化措施，则不需装设净油器。66kV 及以上电压等级变压器均应采取防油老化措施，以确保变压器油不与大气相接触，如在储油柜内部加装胶囊、隔膜或采用金属波纹密封式储油柜。

3.1.3 装有气体继电器的油浸式变压器，无升高坡度者，安装时应使顶盖沿气体继电器油流方向有 1%～1.5%的升高坡度（制造厂家不要求的除外）。

【条文解读】

气体继电器是油浸式变压器上的重要安全保护装置，它安装在变压器箱盖与储油柜的联管上，在变压器内部故障产生的

13

气体或油流作用下接通信号或跳闸回路，使有关装置发出警报信号或使变压器从电网中切除，达到保护变压器的作用。通常，气体继电器应保持水平位置；联管朝向储油柜方向应有 1%～1.5%的升高坡度；联管法兰密封胶垫的内径应大于管道的内径；气体继电器至储油柜间的阀门应安装于靠近储油柜侧，阀的口径应与管径相同，并有明显的"开"、"闭"标志。

3.1.4 变压器的冷却装置应符合以下要求：

a) 按制造厂的规定安装全部冷却装置。

b) 强油循环的冷却系统必须有两个独立的工作电源并能自动和手动切换。当工作电源发生故障时，应发出音响、灯光等报警信号。有人值班变电站，强油风冷变压器的冷却装置全停，宜投信号；无人值班变电站，条件具备时宜投跳闸。

c) 强油循环变压器，当切除故障冷却器时应发出音响、灯光等报警信号，并自动（水冷的可手动）投入备用冷却器；对有两组或多组冷却系统的变压器，应具备自动分组延时启停功能。

d) 散热器应经蝶阀固定在变压器油箱上或采用独立落地支撑，以便在安装或拆卸时变压器油箱不必放油。

e) 风扇、水泵及油泵的附属电动机应有过负荷、短路及断相保护；应有监视油流方向的装置。

f) 水冷却器的油泵应装在冷却器的进油侧，并保证在任何情况下冷却器中的油压大于水压约 0.05MPa（双层管除外）。冷却器出水侧应有放水旋塞。

g) 强油循环水冷却的变压器，各冷却器的潜油泵出口应装逆止阀。

h) 强油循环冷却的变压器，应能按温度和（或）负载控制冷却器投切。

14

i)　潜油泵应采用 E 级或 D 级轴承，油泵应选用较低转速油泵（小于 1500r/pmin）。

j)　发电厂变压器发电机出口开关的合、断应与发电机主变压器冷却器作连锁，即当发电机并网其出口开关合入后，并网机组主变压器冷却器应自动投入，当发电机解列其出口开关断开后，冷却器应自动停止。

【条文解读】

（1）对于 35kV 油浸风冷式变压器，应配置全套风冷却装置，如散热器、风扇电动机和控制装置等。风扇电动机的电源电压为三相、380V、50Hz，风扇电动机应有短路保护。

（2）110（66）kV 及以上电压等级变压器的一般要求为：

1）对于风冷变压器，应供给吹风装置控制箱。当负载电流达到额定电流的 2/3 或油面温度达到设定温度时（如 65℃），应投入吹风装置。当负载电流低于 1/2 额定电流的或油面温度低于设定值时（如 50℃），可切除风扇电动机。

2）对于强油风冷和强油水冷冷却器的变压器需供给冷却系统及控制箱。

3）控制箱的强油循环装置控制线路应满足下列要求：

a. 对于采用散热器冷却的变压器，其冷却方式可能存在多种组合方式（如强油循环风冷 OFAF 变压器，另外还可产生自然冷却（ONAN）、自然油循环风冷却（ONAF）、强油循环风冷（OFAN）三种方式），各种冷却方式下的容量分配及控制程序由用户与制造单位协商。

b. 变压器在运行中，其冷却系统应按负载和温度情况自动投入或切除相应数量的冷却器；如考虑便于无人值班，以及降低变压器噪声等因素，110（66）kV～220kV 变压器一般采用自然（ONAN）或自然油循环风冷却（ONAF）方式。对于 220kV～500（330）kV 可考虑采用一种、两种或三种组合的冷却方式。

可采用无自然冷却能力的强油冷却方式，即 OFAF、ODAF 冷却器冷却方式；也可采用当运行负荷小于 67%额定负荷时自然冷却（ONAN）、运行负荷超过 67%额定负荷时自然油循环风冷却（ONAF）、100%容量强油循环风冷（OFAF、ODAF）的片式散热器组合式冷却方式。后者是近年来出现的一种新组合冷却方式，它基于一种在停机（停油泵）时仍有油流可通过的油泵（轴流泵或升降泵）和变压器的负荷，经常在 80%额定容量以下的情况，变压器长时间运行在自然油循环风冷的冷却方式，具有维护简便的优点。当变压器负荷超过 80%额定容量后，才开启油泵，满足不长时间的大负荷需要。这种具有油泵的自然油循环和强油循环组合冷却变压器内部也可有油导向结构，它基于变压器的结构和成功的运行经验。

　　c. 当切除故障冷却器时，作为备用的冷却器可自动投入运行。

　　d. 当冷却系统的电源发生故障或电压降低时，可自动投入备用电源。

　　e. 当投入备用电源、备用冷却器、切除冷却器和电动机损坏时，均应发出相应的信号。

　　4）强油风冷或强油水冷的油泵电动机及风扇电动机应分别有过载、短路和断相保护。

　　5）强油风冷及强油水冷冷却器的动力电源电压应为三相交流 380V，控制电源电压为交流 220V。

　　6）强油风冷及强油水冷变压器，当冷却系统发生故障切除全部冷却器时，在额定负载下允许运行 20min。当油面温度尚未达到 75℃时，允许上升到 75℃，但切除冷却器后的最长运行时间不得超过 1h。

　　7）对于采用强迫油循环冷却器的变压器，其冷却油流系统中不应出现负压。

（3）采用水冷却器时，应采用高可靠性的水冷却器，例如双层铜管的水冷却器，并与较高的冷却水压力相适应。在水电站使用的水冷却器，水压远高于油压，水冷却器管壁的机械强度及其可靠性十分重要。

（4）建议选用转速小于 1500r/min 的油泵，在运行中不易引起油流带电和运行负压，质量可靠、耐磨性能好的 D、E 级轴承运行中磨损的概率很低。对不满足上述要求的高速油泵应安排更换。

3.1.5　变压器应按下列规定装设温度测量装置：
  a）　应有测量顶层油温的温度计；
  b）　1000kVA 及以上的油浸式变压器、800kVA 及以上的油浸式和 630kVA 及以上的干式厂用变压器，应将信号温度计接远方信号；
  c）　8000kVA 及以上的变压器应装有远方测温装置；
  d）　强油循环水冷却的变压器应在冷却器进出口分别装设测温装置；
  e）　测温时，温度计管座内应充有变压器油；
  f）　干式变压器应按制造厂的规定，装设温度测量装置。

【条文解读】

（1）根据 GB 6451 的要求，各电压等级变压器均应有供温度计用的管座。管座应设在油箱的顶部，并伸入油内 120mm±10mm。

（2）1000kVA 及以上的变压器需装设户外测温装置，其接点容量在交流 220V 时，不低于 50VA，直流有感负载时，不低于 15W。测温装置的安装位置应便于观察，且其准确度应符合相应标准。

3.1.6　无人值班变电站内 20000kVA 及以上的变压器，应装设远方监视运行电流和顶层油温的装置。

无人值班的变电站内安装的强油循环冷却的变压器，应有保证在冷却系统失去电源时，变压器温度不超过规定值的可靠措施，并列入现场规程。

【条文解读】

> 无人值班的变电站在监控中心、操作站的管辖范围内，具备向监控中心、操作站上传相关设备及其运行情况的遥控、遥测、遥信、遥调、遥视等功能，变电站内不设置固定运行维护值班岗位。由操作站负责完成运行工作的变电站，一旦发生冷却系统失去电源的事件，一般难以满足在规定时间内恢复冷却系统供电的要求，无人值班变电站主变压器主要采用风冷或自冷式两种冷却方式。对于采用风冷式的冷却器电源应采用双回路供电且接于不同的动力母线。

3.2 有关变压器运行的其他要求

【条文解读】

> （1）删除了"大中型变压器应有永久或临时性起吊钟罩设施及所需的工作场地"，这与大中型变压器在现场大修、检修和改造的机会将逐渐减少有关，与桶式结构的变压器逐步增多有关。
>
> （2）原条文3.2.8抗震措施中，取消了"将变压器底盘固定于轨道上"，考虑现在有的变压器不一定有轨道，但应固定牢固，这是设计、安装必须考虑的。
>
> （3）增加3.2.11"变压器铁芯接地点必须引至变压器底部，变压器中性点应有两根与主地网不同地点连接的接地引下线，且每根接地线应符合热稳定要求"。
>
> （4）增加3.2.12"在室外变压器围栏入口处，应安装"止步，高压危险"，在变压器爬梯处安装"禁止攀登"等安全标志牌。"强化了安全管理。

3.2.1 释压装置的安装应保证事故喷油畅通，并且不致喷入电

缆沟、母线及其他设备上，必要时应予遮挡。事故放油阀应安装在变压器下部，且放油口朝下。

3.2.2 变压器应有铭牌，并标明运行编号和相位标志。

变压器在运行情况下，应能安全地查看储油柜和套管油位、顶层油温、气体继电器，以及能安全取气样等，必要时应装设固定梯子。

【条文解读】

变压器在规定的使用环境和运行条件下，主要技术数据一般都标注在变压器的铭牌上。主要包括额定容量、额定电压及其分接、额定频率、绕组联结组以及额定性能数据（阻抗电压、空载电流、空载损耗和负载损耗）、总重等。根据 GB 6451 的要求，35kV 及以上电压等级的变压器，均应考虑在油箱壁上设置适当高度的梯子，便于检查气体继电器及取气样。

3.2.3 室（洞）内安装的变压器应有足够的通风，避免变压器温度过高。

【条文解读】

本条主要针对散热器户内安装的变压器，必须要有足够的通风。

3.2.4 装有机械通风装置的变压器室，在机械通风停止时，应能发出远方信号。变压器的通风系统一般不应与其他通风系统连通。

【条文解读】

机械通风装置主要针对变压器冷却的要求，无冷却要求的机械通风装置不适用。

3.2.5 变压器室的门应采用阻燃或不燃材料，开门方向应向外侧，门上应标明变压器的名称和运行编号，门外应挂"止步，高压危险"标志牌，并应上锁。

3.2.6 油浸式变压器的场所应按有关设计规程规定设置消防设

施和事故储油设施，并保持完好状态。

3.2.7 安装在地震基本烈度为七度及以上地区的变压器，应考虑下列防震措施：

a) 变压器套管与软导线连接时，应适当放松；与硬导线连接时应将过渡软连接适当加长。

b) 冷却器与变压器分开布置时，变压器应经阀门、柔性接头、连接管道与冷却器相连接。

c) 变压器应装用防震型气体继电器。

3.2.8 当变压器所在系统的实际短路表观容量大于 GB 1094.5 中表 2 规定值时，应在订货时向制造厂提出要求；对运行中变压器应采取限制短路电流的措施。变压器保护动作的时间应小于承受短路耐热能力的持续时间。

【条文解读】

　　短路容量是指电力系统在规定的运行方式下，关注点三相短路时的视在功率，它是表征电力系统供电能力强弱的特征参数，其大小等于短路电流与短路处的额定电压的乘积。从短路容量定义可以看出，它与电力系统的运行方式有关，在不同的运行方式下，数值也不相同。因而工程应用上需要进一步弄清楚最大短路容量与最小短路容量的概念。所谓最大短路容量，是指系统在最大运行方式，即系统具有最小的阻抗值时关注点的短路容量；最小短路容量就是指系统在最小运行方式下，即系统具有最大的阻抗值时,发生短路后具有最小短路电流值时的短路容量。从以上定义可以看出：短路容量只是一个定义的计算量，而不是测量量，是反映电力系统某一供电点电气性能的一个特征量，与短路电流和该点故障前正常运行时的相间电压有关。短路容量是对电力系统的某一供电点而言的，反映了该点的某些重要性能：① 该点带负荷的能力和电压稳定性；② 该点与电力系统电源之间联系的强弱；③ 该点发生短路时，短路电流的水平。随着电力系统容量的扩大，系统短路容量的水平也会增大，该值是根据该地电力系统的所有相关参数计算出来的，既与本地用户的用电设备有关，又与电力系统的设备及运行方式有关。

3.2.9　如在变压器上安装反映绝缘情况的在线监测装置，其电气信号应经传感器采集，并保持可靠接地。采集油中溶解气样的装置，应具有良好的密封性能。

3.2.10　变压器铁芯接地点必须引至变压器底部，变压器中性点应有两根与主地网不同地点连接的接地引下线，且每根接地线应符合热稳定要求。

【条文解读】

运行中变压器的铁芯及其他附件都处于绕组周围的电场内，如不接地，铁芯及其他附件必然感应一定的电压。在外加电压的作用下，当感应电压超过对地放电电压时，就会产生放电现象。为了避免变压器的内部放电，所以要将铁芯接地。铁芯只允许一点接地，如果有两点以上接地，则接地点之间可能形成回路。当主磁道穿过此闭合回路时，就会在其中产生循环电流，造成内部过热事故。

3.2.11　在室外变压器围栏入口处，应安装"止步，高压危险"，在变压器爬梯处安装"禁止攀登"等安全标志牌。

3.3　技术文件

【条文解读】

（1）标准条文 3.3.2 增加了"变压器订货技术合同（或技术条件）、变更设计的技术文件等"。开展监造工作的，提供"设备监造报告"。

（2）标准条文 3.3.3 简化为：检修全过程记录和检修前后试验记录两条，取消了"变压器的油质化验、色谱分析、油处理记录"等具体内容。在检修过程中，这部分也是相当重要的内容，特殊强调也是完全必要的。

3.3.1 变压器投入运行前，施工单位需向运行单位移交 3.3.2～3.3.5 技术文件和图纸。

3.3.2 新设备安装竣工后需交：

a) 变压器订货技术合同（或技术条件）、变更设计的技术文件等；

b) 制造厂提供的安装使用说明书、合格证，图纸及出厂试验报告；

c) 本体、冷却装置及各附件（套管、互感器、分接开关、气体继电器、压力释放阀及仪表等）在安装时的交接试验报告；

d) 器身吊检时的检查及处理记录、整体密封试验报告等安装报告；

e) 安装全过程按 GB J148 和制造厂的有关规定记录；

f) 变压器冷却系统、有载调压装置的控制及保护回路的安装竣工图；

g) 油质化验及色谱分析记录；

h) 备品配件及专用工器具清单；

i) 设备监造报告。

3.3.3 检修竣工后需交：

a) 变压器及附属设备的检修原因及器身检查、整体密封性试验、干燥记录等检修全过程记录；

b) 变压器及附属设备检修前后试验记录。

3.3.4 每台变压器应有下述内容的技术档案：

a) 变压器履历卡片；

b) 安装竣工后所移交的全部文件；

c) 检修后移交的文件；

d) 预防性试验记录；

e) 变压器保护和测量装置的校验记录；

f) 油处理及加油记录；

g）　其他试验记录及检查记录；

h）　变压器事故及异常运行（如超温、气体继电器动作、出口短路、严重过电流等）记录。

3.3.5　变压器移交外单位时，必须将变压器的技术档案一并移交。

4　变压器运行条件

4.1　一般运行条件

4.1.1　变压器的运行电压一般不应高于该运行分接电压的105%，但不得超过系统最高运行电压。对于特殊的使用情况（例如变压器的有功功率可以在任何方向流通），允许在不超过110%的额定电压下运行，对电流与电压的相互关系如无特殊要求，当负载电流为额定电流的 K（$K \leqslant 1$）倍时，按以下公式对电压 U 加以限制

$$U（\%）=110-5K^2 \tag{1}$$

并联电抗器、消弧线圈、调压器等设备允许过电压运行的倍数和时间，按制造厂的规定。

【条文解读】

根据 $U（\%）=110-5K^2$ 的公式，80%负荷的允许持续运行电压为 106.8%额定电压。实际上 500kV 系统中电压波动较大，尤其节假日或低负荷时电压偏高，过励磁保护装置频频发信，甚至动作跳闸，使变压器强迫停运，造成重大损失。变压器实际的允许过励磁能力比通常规定值高，很多制造厂都有这方面的试验研究数据。现在绝大多数制造厂都能承诺 500kV 变压器在 1.1 倍额定电压下，具有 80%额定容量持续运行的能力。

4.1.2　无励磁调压变压器在额定电压±5%范围内改换分接位置运行时，其额定容量不变。如为-7.5%和-10%分接时，其容量按制造厂的规定；如无制造厂规定，则容量应相应降低 2.5%和 5%。

有载调压变压器各分接位置的容量，按制造厂的规定。

4.1.3 油浸式变压器顶层油温一般不应超过表 1 的规定（制造厂有规定的按制造厂规定）。当冷却介质温度较低时，顶层油温也相应降低。自然循环冷却变压器的顶层油温一般不宜经常超过 85℃。

表 1 油浸式变压器顶层油温在额定电压下的一般限值

冷却方式	冷却介质最高温度 ℃	最高顶层油温 ℃
自然循环自冷、风冷	40	95
强迫油循环风冷	40	85
强迫油循环水冷	30	70

经改进结构或改变冷却方式的变压器，必要时应通过温升试验确定其负载能力。

【条文解读】

变压器上层最高油温限值是为防止油过快劣化而设，不是所有变压器都会达到此值，更不是变压器负荷能力的主要限制条件。制约变压器负荷能力和绝缘寿命的主要因素是绝缘的最热点温度。考虑到自然和风冷却（自然循环）变压器上下油温差加大，易导致绕组的实际热点温升超过规定的实际情况。因此，应对绕组热点温升的计算校核，确保变压器在各种冷却方式和负载能力下，满足最高顶层油温控制下的热点温度不超过温升限值。

4.1.4 干式变压器的温度限值应按制造厂的规定。

4.1.5 变压器三相负载不平衡时，应监视最大一相的电流。

接线为 YNyn0 的大、中型变压器允许的中性线电流，按制造厂及有关规定。

4.2　变压器在不同负载状态下的运行方式

4.2.1　油浸式变压器在不同负载状态下运行时，一般应按 GB/T 15164 油浸式电力变压器负载导则（以下简称负载导则）的规定执行。变压器热特性计算按制造厂提供的数据进行。当无制造厂数据时，可采用负载导则第二篇表 2 所列数据。

4.2.2　变压器的分类，按负载导则变压器分为三类：

a)　配电变压器。电压在 35kV 及以下，三相额定容量在 2500kVA 及以下，单相额定容量在 833kVA 及以下，具有独立绕组，自然循环冷却的变压器。

b)　中型变压器。三相额定容量不超过 100MVA 或每柱容量不超过 33.3MVA，具有独立绕组，且额定短路阻抗(Z_k)符合式（2）要求的变压器。

$$Z_k \leqslant (25-0.1 \times 3S_N/W)\ \% \tag{2}$$

式中　W——有绕组的芯柱数；

　　　S_N——额定容量，MVA。

自耦变压器按等值容量考虑，等值容量的计算见附录 A。

c)　大型变压器。三相额定容量 100MVA 以上，或其额定短路阻抗大于式（2）计算值的变压器。

4.2.3　负载状态的分类。

4.2.3.1　正常周期性负载：

在周期性负载中，某段时间环境温度较高，或超过额定电流，但可以由其他时间内环境温度较低，或低于额定电流所补偿。从热老化的观点出发，它与设计采用的环境温度下施加额定负载是等效的。

4.2.3.2　长期急救周期性负载：

要求变压器长时间在环境温度较高，或超过额定电流下运行。这种运行方式可能持续几星期或几个月，将导致变压器的老化加速，但不直接危及绝缘的安全。

【条文解读】

> 长期急救性周期负载会导致变压器严重老化，只是绝缘不至于被击穿而已。将在不同程度上缩短变压器的寿命，应尽量减少出现这种运行方式的情况；必须采用时，应尽量缩短超额定电流运行的时间，降低超额定电流的倍数，有条件时按制造厂规定投入备用冷却器。超额定电流负载系数 K_2 和时间，可按 GB/T 1094.7 的计算方法，根据变压器的热特性数据和实际负载图计算。

4.2.3.3 短期急救负载：

要求变压器短时间大幅度超额定电流运行。这种负载可能导致绕组热点温度达到危险的程度，使绝缘强度暂时下降。

【条文解读】

> 短期急救负载下运行，相对老化率远大于 1，绕组热点温度可能达到危险程度，出现此情况时，应投入全部冷却器，并尽量压缩负载、减少时间。

4.2.4 负载系数的取值规定。

    a) 双绕组变压器：取任一绕组的负载电流标幺值；

    b) 三绕组变压器：取负载电流标幺值为最大的绕组标幺值；

    c) 自耦变压器：取各侧绕组和公共绕组中，负载电流标幺值最大的绕组标幺值。

4.2.5 负载电流和温度的最大限值。

各类负载状态下的负载电流和温度的最大限值如表 2 所示，顶层油温限值为 105℃。当制造厂有关于超额定电流运行的明确规定时，应遵守制造厂的规定。

表 2 变压器负载电流和温度最大限值

负载类型	参　数	指标	中型电力变压器	大型电力变压器
正常周期性负载	电流（标幺值）	1.5	1.5	1.3

表2（续）

负载类型	参　数	指标	中型电力变压器	大型电力变压器
正常周期性负载	热点温度及与绝缘材料接触的金属部件的温度（℃）	140	140	120
长期急救周期性负载	电流（标幺值）	1.8	1.5	1.3
	热点温度及与绝缘材料接触的金属部件的温度（℃）	150	140	130
短期急救负载	电流（标幺值）	2.0	1.8	1.5
	热点温度及与绝缘材料接触的金属部件的温度（℃）	160		160

【条文解读】

变压器的短时急救负载能力应满足运行的要求，取决于正常运行时的负载大小和突然退出一台变压器所带来的其他变压器负载上升。例如，变电站有两台同容量变压器，正常并列运行时，每台变压器的负载为额定容量的80%时。当一台变压器突然退出运行后，运行的变压器要承担150%额定容量以上（因电网潮流的自然分配会使该变压器负载低于160%变压器额定容量）的负载，变压器的应急过载能力应具有能维持的时间不低于30min，以便调度部门有足够的时间转移负载。在役变压器在短时急救负载下运行，应以不损坏变压器为前提，通常宜控制绕组的热点温度不超过140℃。

在同样过载能力变压器，变电站变压器总容量相同的条件下，两台相同容量变压器并列运行的允许运行负荷比两台不同容量的大，三台相同容量变压器能发挥更大运行效益。如两台500MVA变压器并列运行，按上述情况正常变电站能带最高负载为800MVA，如一台500MVA和一台750MVA变压器并列运行，由于要考虑750MVA变压器可能突然退出运行的情况，本变电站为了运行稳定，它的正常最高允许负载也为 800MVA。同样理由如两台 750MVA 变压器并列运行，此变电站正常最高允许负载为 1200MVA，如三台 500MVA 变压器并列运行时，此变电站正常最高负载可达 1500MVA，即可以充分发挥每台变压器带正常负载的能力（当有一台变压器突然退出运行后，在役两台变压器各承担不到 150%变压器额定容量，它的短时过载量也较前小）。

关于变压器短期急救负载的确定，在本标准制定讨论时，有单位提出："当变压器出现过负荷运行时，必须在以下规定的运行时间内，迅速拉减负荷，使负荷降低到变压器额定容量以下，并同时注意变压器顶层油温不超过下列温升规定：

（1）当负荷不超过额定容量的 1.3 倍时，允许运行 30min;

（2）当负荷不超过额定容量的 1.2 倍时，允许运行 60min;

（3）当负荷不超过额定容量的 1.1 倍时，允许运行 120min。

因不同地区对过负荷水平的需求及管理策略存在较大差异，该要求与负载导则的要求差距甚大，且变压器制造中必须满足负载导则的要求，故在本次修订过程中暂未采纳，仅供各单位参考。

高过载能力变压器是指在高于 GB/T 1094.7—2008 所规定短期急救性负载下运行一段时间而不发生设备损坏的变压器。2011 年 5 月国网公司生技部组织讨论《高过载能力变压器选型技术条件》和《在运变压器短期过载能力应用导则》时，提出高过载能力变压器的概念。220kV 高过载能力变压器，要求在 2 倍额定负荷时环境温度 40℃，允许运行 30min，顶层油温不超过 95℃，最热点温度不超过 140℃。这种变压器仅适用于极特殊情况下使用，否则，将大大增加制造成本，而出现此种情况的几率又很小，经济上十分不合理。

4.2.6　附件和回路元件的限制。

变压器的载流附件和外部回路元件应能满足超额定电流运行的要求，当任一附件和回路元件不能满足要求时，应按负载能力最小的附件和元件限制负载。

变压器的结构件不能满足超额定电流运行的要求时，应根据具体情况确定是否限制负载和限制的程度。

4.2.7　正常周期性负载的运行。

【条文解读】

在周期性负载中，某段时间环境温度较高，或超过额定电流，但可以由其他时间内环境温度较低，或低于额定电流所补偿。从热老化的观点出发，它与设计采用的环境温度下施加额定负载是等效的。

4.2.7.1　变压器在额定使用条件下，全年可按额定电流运行。

4.2.7.2　变压器允许在平均相对老化率小于或等于1的情况下，周期性地超额定电流运行。

4.2.7.3　当变压器有较严重的缺陷（如冷却系统不正常、严重漏油、有局部过热现象、油中溶解气体分析结果异常等）或绝缘有弱点时，不宜超额定电流运行。

4.2.7.4　正常周期性负载运行方式下，超额定电流运行时，允许的负载系数 K_2 和时间，可按负载导则的下述方法之一确定：

a)　根据具体变压器的热特性数据和实际负载周期图，用第二篇温度计算方法计算；

b)　查第三篇第15章的图9～图12中的曲线。

4.2.8　长期急救周期性负载的运行。

【条文解读】

要求变压器长时间在环境温度较高，或超过额定电流下运行。这种运行方式可能持续几星期或几个月，将导致变压器的老化加速，但不直接危及绝缘的安全。

4.2.8.1 长期急救周期性负载下运行时，将在不同程度上缩短变压器的寿命，应尽量减少出现这种运行方式的机会；必须采用时，应尽量缩短超额定电流运行的时间，降低超额定电流的倍数，有条件时按制造厂规定投入备用冷却器。

4.2.8.2 当变压器有较严重的缺陷（如冷却系统不正常，严重漏油，有局部过热现象，油中溶解气体分析结果异常等）或绝缘有弱点时，不宜超额定电流运行。

4.2.8.3 长期急救周期性负载运行时，平均相对老化率可大于 1 甚至远大于 1。超额定电流负载系数 K_2 和时间，可按负载导则的下述方法之一确定：

    a）根据具体变压器的热特性数据和实际负载图，用第二篇温度计算方法计算；

    b）查第三篇第 16 章急救周期负载表中表 7～表 30。

4.2.8.4 在长期急救周期性负载下运行期间，应有负载电流记录，并计算该运行期间的平均相对老化率。

4.2.9 短期急救负载的运行。

【条文解读】

> 要求变压器短时间大幅度超额定电流运行。这种负载可能导致绕组热点温度达到危险的程度，使绝缘强度下降。

4.2.9.1 短期急救负载下运行，相对老化率远大于 1，绕组热点温度可能达到危险程度。在出现这种情况时，应投入包括备用在内的全部冷却器（制造厂另有规定的除外），并尽量压缩负载、减少时间，一般不超过 0.5h。当变压器有严重缺陷或绝缘有弱点时，不宜超额定电流运行。

4.2.9.2 0.5h 短期急救负载允许的负载系数 K_2 见表 3，大型变压器采用 ONAN/ONAF 或其他冷却方式的变压器短期急救负载允许的负载系数参考制造厂规定。

表3 0.5h 短期急救负载允许的负载系数 K_2 表

变压器类型	急救负载前的负载系数 K_1	环境温度 ℃							
		40	30	20	10	0	−10	−20	−25
中型变压器（冷却方式 ONAN 或 ONAF）	0.7	1.80	1.80	1.80	1.80	1.80	1.80	1.80	1.80
	0.8	1.76	1.80	1.80	1.80	1.80	1.80	1.80	1.80
	0.9	1.72	1.80	1.80	1.80	1.80	1.80	1.80	1.80
	1.0	1.64	1.75	1.80	1.80	1.80	1.80	1.80	1.80
	1.1	1.54	1.66	1.78	1.80	1.80	1.80	1.80	1.80
	1.2	1.42	1.56	1.70	1.80	1.80	1.80	1.80	1.80
中型变压器（冷却方式 OFAF 或 OFWF）	0.7	1.50	1.62	1.70	1.78	1.80	1.80	1.80	1.80
	0.8	1.50	1.58	1.68	1.72	1.80	1.80	1.80	1.80
	0.9	1.48	1.55	1.62	1.70	1.80	1.80	1.80	1.80
	1.0	1.42	1.50	1.60	1.68	1.78	1.80	1.80	1.80
	1.1	1.38	1.48	1.58	1.66	1.72	1.80	1.80	1.80
	1.2	1.34	1.44	1.50	1.62	1.70	1.76	1.80	1.80
中型变压器（冷却方式 ODAF 或 ODWF）	0.7	1.45	1.50	1.58	1.62	1.68	1.72	1.80	1.80
	0.8	1.42	1.48	1.55	1.60	1.66	1.70	1.78	1.80
	0.9	1.38	1.45	1.50	1.58	1.64	1.68	1.70	1.70
	1.0	1.34	1.42	1.48	1.54	1.60	1.65	1.70	1.70
	1.1	1.30	1.38	1.42	1.50	1.56	1.62	1.65	1.70
	1.2	1.26	1.32	1.38	1.45	1.50	1.58	1.60	1.70
大型变压器（冷却方式 OFAF 或 OFWF）	0.7	1.50	1.50	1.50	1.50	1.50	1.50	1.50	1.50
	0.8	1.50	1.50	1.50	1.50	1.50	1.50	1.50	1.50
	0.9	1.48	1.50	1.50	1.50	1.50	1.50	1.50	1.50
	1.0	1.42	1.50	1.50	1.50	1.50	1.50	1.50	1.50
	1.1	1.38	1.48	1.50	1.50	1.50	1.50	1.50	1.50
	1.2	1.34	1.44	1.50	1.50	1.50	1.50	1.50	1.50

表 3（续）

变压器类型	急救负载前的负载系数 K_1	环境温度 ℃							
		40	30	20	10	0	−10	−20	−25
大型变压器（冷却方式 ODAF 或 ODWF）	0.7	1.45	1.50	1.50	1.50	1.50	1.50	1.50	1.50
	0.8	1.42	1.48	1.50	1.50	1.50	1.50	1.50	1.50
	0.9	1.38	1.45	1.50	1.50	1.50	1.50	1.50	1.50
	1.0	1.34	1.42	1.48	1.50	1.50	1.50	1.50	1.50
	1.1	1.30	1.38	1.42	1.50	1.50	1.50	1.50	1.50
	1.2	1.26	1.32	1.38	1.45	1.50	1.50	1.50	1.50

4.2.9.3 在短期急救负载运行期间，应有详细的负载电流记录，并计算该运行期间的相对老化率。

4.2.10 干式变压器的正常周期性负载、长期急救周期性负载和短期急救负载的运行要求，按 GB/T 17211《干式电力变压器负载导则》的要求。

4.2.11 无人值班变电站内变压器超额定电流的运行方式，可视具体情况在现场规程中规定。

4.3 其他设备的运行条件

串联电抗器、接地变压器等设备超额定电流运行的限值和负载图表，按制造厂的规定。接地变压器在系统单相接地时的运行时间和顶层油温应不超过制造厂的规定。

4.4 强迫冷却变压器的运行条件

强油循环冷却变压器运行时，必须投入冷却器。空载和轻载时不应投入过多的冷却器（空载状态下允许短时不投）。各种负载下投入冷却器的相应台数，应按制造厂的规定。按温度和（或）负载投切冷却器的自动装置应保持正常。

【条文解读】

强迫冷却变压器的运行条件中，取消了"油浸（自然循环）风冷和干式风冷变压器，风扇停止工作时，允许的负荷和运行时间，应按制造厂的规定"的内容。因为现在的变压器在风扇停止运行的情况下均可在70%的负荷下长期运行。取消了"顶层油温不超过65℃时，允许带额定负荷运行"的说法，主要考虑到不同冷却方式下，可能存在顶层油温不超过65℃，热点温度可能明显超过限值的情况。

对于时间常数大的大型电力变压器，单一油温参数控制时，油温上升下降都有一时延，它的温度时间常数对大型变压器约1.5h～5h，不能应对负荷快速增长的要求；单以负荷控制冷却装置，如负荷变动快时会引起冷却装置中风扇、油泵频繁启停的不利因素。应考虑采用油面温度计和负荷电流两个参数控制风扇和油泵的启停，任何一个参数大于某一数值时即启动风扇或油泵，两个参数均小于另一数值时方停用风扇或油泵。对无人值班变电站，冷却装置启停应结合油温、负荷、冷却方式来确定。虽然绕组温度可以反映油面温度及负荷的大小，但使用绕组温度来控制冷却系统的启停可靠性较低，故用油面温度及负荷大小两个参数共同来控制冷却系统的启停。为防止控制信号的振荡，任何一个参数大于某一数值时即启动风扇或油泵，两个参数均小于另一数值时方停用风扇或油泵。在任一参数大于整定值就启动，在两个参数都小于整定值才停用油泵和（或）风扇，这既考虑到油温时间常数的因素，也防止发出频繁启停信号。

4.5　变压器的并列运行

4.5.1　变压器并列运行的基本条件：

　　a)　联结组标号相同；

　　b)　电压比相同；

　　c)　阻抗电压值偏差小于10%。

阻抗电压不等或电压比不等的变压器，任何一台变压器除满足 GB/T 15164 和制造厂规定外，其每台变压器并列运行绕组的环流应满足制造厂的要求。阻抗电压不同的变压器，可适当提高阻抗电压高的变压器的二次电压，使并列运行变压器的容量均能充分利用。

【条文解读】

并列运行条件增加了"电压比差值不得超过±0.5%"。将"短路阻抗相等"改为"阻抗电压值偏差小于 10%"，给出了数量概念，更为科学。但长时间并列运行时，还需要根据具体情况进行核算。

4.5.2　新装或变动过内外连接线的变压器，并列运行前必须核定相位。

4.5.3　发电厂升压变压器高压侧跳闸时，应防止厂用变压器严重超过额定电流运行。厂用电倒换操作时应防止非同期。

4.6　变压器的经济运行

4.6.1　变压器的投运台数应按照负载情况，从安全、经济原则出发，合理安排。

4.6.2　可以相互调配负载的变压器，应考虑合理分配负载，使总损耗最小。

【条文解读】

变压器经济运行是指在传输电量相同的条件下，通过择优选取最佳运行方式和调整负载，使变压器电能损失最低。经济运行就是充分发挥变压器效能，合理地选择运行方式，从而降低用电单耗。所以，只要加强供、用电科学管理，即可达到节电和提高功率因数的目的。

5　变压器的运行维护

5.1　变压器的运行监视

【条文解读】

> 运行巡视包括例行巡视检查、定期巡视检查和特殊巡视检查。在异常的天气条件下，在大负荷、过负荷、过励磁等运行情况下加强巡视能发现平时不易检查出的问题，也是对设备在恶劣条件下工况的检查。各运行单位应根据实际情况加以补充。变压器的运行监视中，主要增加以下要求：
>
> （1）"定期对现场仪表和远方仪表进行校对"以保证数据的准确性；
>
> （2）"设视频监视系统的无人值班变电站，宜能监视变压器储油柜的油位、套管油位及其他重要部位。"
>
> （3）将原无人值班变电站内按3150kVA容量分界，采用不同的巡视检查周期，一律改为"一般为10天一次。"

5.1.1　安装在发电厂和变电站内的变压器，以及无人值班变电站内有远方监测装置的变压器，应经常监视仪表的指示，及时掌握变压器运行情况。监视仪表的抄表次数由现场规程规定，并定期对现场仪表和远方仪表进行校对。当变压器超过额定电流运行时，应做好记录。

无人值班变电站的变压器应在每次定期检查时记录其电压、电流和顶层油温，以及曾达到的最高顶层油温等。

设视频监视系统的无人值班变电站，宜能监视变压器储油柜的油位、套管油位及其他重要部位。

5.1.2　变压器的日常巡视检查，根据实际情况确定巡视周期，也可参照下列规定：

　　a）　发电厂和有人值班变电站内的变压器，一般每天一次，每周进行一次夜间巡视；

　　b）　无人值班变电站内一般每10天一次。

5.1.3　在下列情况下应对变压器进行特殊巡视检查，增加巡视检查次数：

a) 新设备或经过检修、改造的变压器在投运 72h 内；

b) 有严重缺陷时；

c) 气象突变（如大风、大雾、大雪、冰雹、寒潮等）时；

d) 雷雨季节特别是雷雨后；

e) 高温季节、高峰负载期间；

f) 变压器急救负载运行时。

5.1.4 变压器日常巡视检查一般包括以下内容：

a) 变压器的油温和温度计应正常，储油柜的油位应与温度相对应，各部位无渗油、漏油。

b) 套管油位应正常，套管外部无破损裂纹、无严重油污、无放电痕迹及其他异常现象；套管渗漏油时应及时处理，防止内部受潮损坏。

c) 变压器声响均匀、正常。

d) 各冷却器手感温度应相近，风扇、油泵、水泵运转正常，油流继电器工作正常，特别注意变压器冷却器潜油泵负压区出现的渗漏油。

【条文解读】

变压器冷却系统油泵的入口管段、出油管、冷却器进油口附近油流速度较大的管道以及变压器顶部等部位，虽然有储油柜油位的静压力，但由于油泵的吸力，在变压器温度剧烈变化时，可能会出现负压情况。实践表明，变压器顶部的渗漏油往往与油箱内部有水渍及绝缘受潮联系在一起。运行中的负压问题应进行重新校核，并采取以下措施：

（1）合理选择油泵的扬程。当变压器内部结构确定后，在确保温升条件下，合理选取冷却回路的油流量和油泵扬程，通常降低油流速度、增大油流量，有利降低油泵扬程值，彼此之间的关系可简化为：

$$H_p = \sum_{j=1}^{n} V_j R_j = \sum_{j=1}^{n} \frac{Q_j R_j}{S_j} \leqslant \rho g (H - x)$$

式中　Q_j ——某段管路的油流量，L/s；

　　　V_j ——某段管路的油流速度，m/s；

　　　R_j ——某段管路的油流阻力系数，Pa·s/m；

　　　ρ ——变压器油密度；

　　　g ——重力加速度；

　　　H ——油面高度；

　　　H_p ——冷却器扬程；

　　　x ——某段管路的油高度。

　　设计时应重点考虑油泵入口端和冷却器进油端的负压问题，确保在储油柜最低油位下，使冷却油回路中的某处（x）满足下列条件：

$$H_p - H_x < \rho g (H - x)$$

式中　H_p ——冷却器扬程；

　　　H_x ——冷却油回路中的某处压力；

　　　x ——冷却油回路中某处的油高度。

　　（2）提高储油柜的高度。储油柜应尽量提高安装位置，这样可以适当减少一些冷却回路口的负压值，如储油柜的最低油位能高于穿缆套管的头部，就可避免从该处进水受潮绝缘击穿事故。同时保持较高油位运行，也有利于防止其他运行负压现象。如提高高度 h，则可弥补压力值：

$$H = \rho g h$$

　　（3）选用内油式金属膨胀储油柜。内油式金属膨胀储油柜区别于其他形式储油柜的一个重要特点，就是在运行中使其变压器油始终保持微正压的工作状态。该微正压产生的原因，一个是由于储油柜的波纹芯体本身采用的金属不锈钢材料和加工成特殊的波纹结构所产生；另一个原因是作用于波纹芯体上面的压力平衡板调解了平衡压力。这一特性可减轻变压器内部负压现象，同时，也可根据变压器的需要通过平衡板质量配置进行调整设置。

（4）呼吸器采用较大直径的呼吸管道和硅胶颗粒。

1）日温差或日负荷变化较大地区，应放大呼吸口的直径，减小气流阻力，保持呼吸畅通。

2）选用较大颗粒直径的吸湿硅胶及滤网。

3）实现储油柜运行压力检测。在储油柜的最高处设置真空压力表并引至可观察高度，运行中观察，也可设置报警节点。

（5）采用导杆载流式或干式套管。为避免由套管头部通过内管油隙进水，对套管头部高于储油柜最低油位的电容套管宜采用导杆载流式或干式套管。导杆载流式油纸套管的头部密封是固定的，而且出厂时已进行了严格的密封考核，且无需在安装时重复拆卸。而干式套管和部分导杆载流式结构的油纸套管，芯棒管内与变压器内的油室根本不通，也不存在负压问题。运行经验表明，该类套管较为可靠。

（6）片式散热器强油循环方式的多台油泵开启运行应延时处理。片式散热器强油循环方式的油泵通常设置2以上，不应同时开启，需进行延时开启，经验表明每台油泵的开启时间间隔应在30s及以上。

 e）水冷却器的油压应大于水压（制造厂另有规定者除外）。

 f）吸湿器完好，吸附剂干燥。

 g）引线接头、电缆、母线应无发热迹象。

 h）压力释放器、安全气道及防爆膜应完好无损。

 i）有载分接开关的分接位置及电源指示应正常。

 j）有载分接开关的在线滤油装置工作位置及电源指示应正常。

【条文解读】

> 有载调压装置，宜附有在线滤油器，确保切换开关的油质处于经常良好的状态。

k） 气体继电器内应无气体（一般情况）。

l） 各控制箱和二次端子箱、机构箱应关严，无受潮，温控装置工作正常。

m） 干式变压器的外部表面应无积污。

n） 变压器室的门、窗、照明应完好，房屋不漏水，温度正常。

o） 现场规程中根据变压器的结构特点补充检查的其他项目。

【条文解读】

> 对变压器日常巡视检查、定期检查等的维护周期及内容进行了调整。
>
> （1）日常巡视检查：
>
> 1）套管发生渗漏油时，同时可能有潮气进入，因此，套管检查增加了"套管渗漏油时，应及时处理，防止内部受潮损坏"。
>
> 2）冷却器检查增加了"特别注意变压器冷却器潜油泵负压区出现的渗漏油"。此项检查只能在冷却器停运的情况下或采取特殊措施进行检查，防止因检查措施不当造成进气。
>
> 3）增加了"有载分接开关的在线滤油装置工作位置及电源指示应正常"。在线滤油装置应用于频繁带负荷操作的变压器上是有一定意义的，但应加强对其设备的维护，如果疏于维护，还可能发生其他问题。对于操作不很频繁的变压器，装设此装置的意义似乎不大。
>
> （2）定期检查增加内容：
>
> 1）"检查变压器及散热装置无任何渗漏油"；
>
> 2）"电容式套管末屏有无异常声响或其他接地不良现象"；

3）"变压器红外测温"。此项检查可以防止变压器可见部分的发热和套管缺油等引起的温度不正常等。

（3）维护周期：对冷却器水冲洗，增加了"至少应在夏季到来之前开展一次"，这一要求对于空气污染严重地区尤为必要，也应根据不同地区确定不同的清扫周期。

（4）储油柜的检查方面：对运行多年的变压器应检查储油柜中胶囊或隔膜是否老化或开裂。检查是否已开裂的方法有探杆法、抽油法、充气压法、测油中含气量等。实际上不少运行十年以上变压器胶囊的胶质材料已老化，有的已明显开裂，一旦开裂绝缘油就和大气相通。如果呼吸用吸湿器良好的话，尚能防潮，但会导致变压器油中含气量增加，影响变压器的安全运行。试验表明，油中含有饱和空气时，油间隙的局部放电起始场强下降约15%，电极表面的起始场强下降约25%，对500kV（330kV）变压器绝缘的危害是十分明显的。对于金属膨胀式储油柜，要检查膨胀器焊缝是否开裂。另外要防止卡涩现象，否则可能产生油流冲动的不良后果。

（5）吸湿器：吸湿器是储油柜防潮的第二道保护。老型式吸湿器下部油杯浅，油面检查困难，易发生缺油、干油现象。由于结构原因还存在上端口密封不良等缺点，呼吸从上端口"漏"入，呼吸器中吸湿剂没起作用，如在现场检查发现硅胶筒硅胶粒已变色。有条件时可换新型式的吸湿器。吸湿器下部油杯中油的主要作用是将硅胶与大气隔离，防止吸湿器不呼吸时硅胶受潮。吸湿器中应充入颗粒适中、能明显显示受潮状况的硅胶，受潮高度不宜超过2/3，寒冷地区更应注意，防止结冰堵塞呼吸。

（6）油色谱在线监测装置：越来越多的大型变压器已加装了油色谱在线监测装置。但由于油色谱在线监测装置种类较多，在工作原理、系统软件平台、接口等方面存在较大差异，很难实现数据共享、统一化管理。另外由于监测装置的运行稳定性不够，误报警现象较多，其运行和管理有待进一步积累经验。

（7）渗漏油重点检查内容：

1）油泵负压区的渗油，容易造成变压器进水受潮和轻瓦斯有气而发信。

2）压力释放阀的渗油、漏油（应检查是否动作过）。

3）套管接线柱处的渗油，检查外部引线的伸缩条及其热胀冷缩性能。变压器各部位在正负压力下，都可能发生渗漏。负压下会吸入水分和空气。认为正油压下不会吸潮进气是一个误区，因为这是多相系统，有水、油、气等"相"，各有分压力，是各分压力在分别起作用（即各分压的负压在起作用）。事实上，油泵的运转可能产生负压。例如，对 60MVA 变压器的 YF-60 型冷却器的 OB 25-16.1/1.9T 型油泵的进油口进行负压实测。8 只油泵中有 2 只微正压，6 只油泵入油处有 6.7kPa～8kPa 的负压。测试某 120MVA 变压器油泵更换前后情况比较，原 QB41.5-11.5/2.2T 型油泵（流量2.2t），换成 YB 40-16/3T 型油泵后，负压由原 4 处（1处微正压）负压为 1.3kPa～9.3kPa，变为五处全部负压，负压值为 11.1kPa～280kPa，负压值增加很明显，达 8.65kPa～266kPa（65mmHg～200mmHg）。

5.1.5　应对变压器做定期检查（检查周期由现场规程规定），并增加以下检查内容：

　　a）　各部位的接地应完好，并定期测量铁芯和夹件的接地电流；

　　b）　强油循环冷却的变压器应做冷却装置的自动切换试验；

　　c）　外壳及箱沿应无异常发热；

　　d）　水冷却器从旋塞放水检查应无油迹；

　　e）　有载调压装置的动作情况应正常；

　　f）　各种标志应齐全明显；

　　g）　各种保护装置应齐全、良好；

　　h）　各种温度计应在检定周期内，超温信号应正确可靠；

i) 消防设施应齐全完好；

j) 室（洞）内变压器通风设备应完好；

k) 储油池和排油设施应保持良好状态；

l) 检查变压器及散热装置无任何渗漏油；

m) 电容式套管末屏是否有异常声响或其他接地不良现象；

n) 变压器红外测温。

5.1.6 下述维护项目的周期，可根据具体情况在现场规程中规定：

a) 清除储油柜集污器内的积水和污物；

b) 对冷却装置进行水冲洗或用压缩空气吹扫，至少应在夏季到来之前开展一次；

【条文解读】

因冷却器（散热器）外部脏污、油泵效率下降等原因，使冷却器（散热器）的散热效果降低并导致油温上升时，要适当缩短允许过负荷时间。变压器的风冷却器每 1 年～2 年用水或压缩空气进行一次外部冲洗，以保证冷却效果。冷却器经长期运行后，会堆积较多的脏物和昆虫，严重时将影响变压器的冷却效果，这一点已在近几年的 220kV 变压器上多次证明，维护人员也已经认识到定期冲洗的重要性。由于 220kV 及以上变压器的停电非常困难，因此必须把握变压器调挡、年检的机会，彻底进行冲洗。冲洗一般可用 500kPa 的压力水进行冲洗，清洗程度可根据排水的清浊来判定，冲洗前采取措施避免风控箱的绝缘受影响，冲洗后一定要启动风扇使冷却器干燥。虽然也提出可用压缩空气吹，由于作业时灰大会污染环境，甚至影响周围电气设备外绝缘，故不推荐使用。及时清洗散热面很重要，效果很好，如一台 1000MVA，500kV 变压器，清洗前环境温度为 30℃，负荷 650MW，顶层油温 80℃；清洗后环境温度 32℃，负荷 680MW，其顶层油温为 58℃。变压器清洗后运行的环境温度上升 2℃，负荷上升 5%，顶层油温反而下降 24℃。

c）　更换吸湿器和净油器内的吸附剂；

【条文解读】

检修规程建议取消净油气，借助检修机会取消。

d）　变压器的外部（包括套管）清扫；
e）　各种控制箱和二次回路的检查和清扫。

【条文解读】

（1）新投入或经过大修的变压器的巡视要求：近年来，新投入变压器较多，对新投变压器的巡视应认真仔细，确保变压器能安全运行，各运行单位可根据本地区的实际，在运行规程中具体规定巡视项目。

（2）异常情况下的巡视项目和要求：变压器运行中发生异常情况的种类比较多，性质差异也较大，本章节只对常发生的一部分异常情况作了具体的巡视要求，各运行单位可根据变压器现场的实际情况，作出具体规定。

变压器顶层油温是运行人员容易监视的参数，当变压器顶层油温度超过制造厂规定或75℃时，说明变压器的负荷或冷却装置的冷却效率出现了变化，应进一步检查。

对于变压器冷却器的运行规定，变压器运行时温度不宜过低，这涉及到冷却器冷却效率和变压器油流带电等问题。绕组温度低于80℃时，绝缘老化十分缓慢。

油泵负压区密封不良容易造成变压器进水进气受潮，应予以重视，它可能会引起变压器本体绝缘下降，造成变压器绝缘事故，也能使变压器轻瓦斯动作。

（3）红外巡视要求：建议增加用红外监测油位，检验储油柜阀门，包括冷却器和散热器阀门，温度降低、升高问题凸显。

5.2 变压器的投运和停运

【条文解读】

变压器的投运和停运的主要修订内容：

（1）新增加5.2.5"新安装和大修后的变压器应严格按照有关标准或厂家规定真空注油和热油循环，真空度、抽真空时间、注油速度及热油循环时间均应达到要求。对有载分接开关油箱应同时按照相同要求抽真空。装有密封胶囊或隔膜的大容量变压器，必须严格按照制造厂说明书规定的工艺要求进行注油，防止空气进入，并结合大修或停电对胶囊和隔膜的完好性进行检查"。这一条在检修导则中有明确的要求和规定。

（2）在原110kV/24h，220kV/48h静止时间的基础上，增加了"750kV变压器静止时间为96h"；明确330kV变压器静止时间与500kV变压器相同为72h。将原规定"若有特殊情况不能满足上述规定，须经本单位总工程师批准"予以取消，即不给于任何灵活性，严格保证静放时间，同时，保留了强油冷却的变压器应开启油泵进行油循环和防止产生油流带电的一些措施，要求应注意多次进行排气，尽量避免空气的残存影响绝缘强度等。

（3）取消了"允许用熔断器投切空载配电变压器和66kV及以下的站用变"。该项取消后，220kV变电站的站用变压器的操作在现场规程中应该予以规定，实际上，目前的设计中，用熔断器投切220kV变电站空载站用变压器是不可避免的。

（4）关于备用变压器，增加"变压器带较轻负载运行时，应轮流投入部分冷却器，……"的要求，即不仅是不带负荷，即使负荷较轻，冷却器运行台数较少时，也应注意轮流投入冷却器，防止冷却器长期不运行。一旦需要时又不能正常运行的情况。

（5）5.2.7条对中性点接地系统中增加了"110kV及以上中性点接小电抗的系统，投运时可以带小电抗投入"。目前，中性点接小电抗的方式呈逐渐增多趋势，特别是在高电压和短路容量大的系统内。

（6）取消了有关消弧线圈运行的2条规定（原5.2.8、5.2.9）。目前，消弧线圈尚无专门运行规定，这些规定，在现场运行规程中可参考原规程规定予以明确。

5.2.1　在投运变压器之前，值班人员应仔细检查，确认变压器及其保护装置在良好状态，具备带电运行条件。并注意外部有无异物，临时接地线是否已拆除，分接开关位置是否正确，各阀门开闭是否正确。变压器在低温投运时，应防止呼吸器因结冰被堵。

【条文解读】

推荐的检查项目，包括但不限于：

（1）变压器储油柜及充油套管的油色清亮透明，储油柜的油面高度应在油标上下指示线中。

（2）变压器气体继电器应无漏油，内部无气体，各部接线良好。

（3）套管清洁完整，无放电痕迹，封闭母线完整，温度计完好。

（4）变压器顶部无遗留物件，分接头位置正确，与规定记录相符，有载调压操作灵活，操作箱分头位置指示和返回屏分头位置指示应一致。

（5）变压器外壳接地良好，防爆管的隔膜应完整，硅胶颜色正常。

（6）变压器本体应清洁，各部无破损漏油、渗油现象，释压阀指示正确。

（7）储油柜、散热器、气体继电器各阀门均打开，冷却器电源投入，潜油泵、风扇电动机正常，随时可以投入运行。

（8）室内变压器周围及间隔内清洁无杂物、油垢及漏气、漏水现象，门窗完好，照明充足，通风装置良好，消防器材齐全。

（9）继电保护、测量仪表及自动装置完整，接线牢靠，端子排无受潮结露现象。

5.2.2 运用中的备用变压器应随时可以投入运行。长期停运者应定期充电，同时投入冷却装置。如系强油循环变压器，充电后不带负载或带较轻负载运行时，应轮流投入部分冷却器，其数量不超过制造厂规定空载时的运行台数。

5.2.3 变压器投运和停运的操作程序应在现场规程中规定，并须遵守下列各项：

    a）强油循环变压器投运时应逐台投入冷却器，并按负载情况控制投入冷却器的台数；水冷却器应先启动油泵，再开启水系统；停电操作先停水后停油泵；冬季停运时将冷却器中的水放尽。

    b）变压器的充电应在有保护装置的电源侧用断路器操作，停运时应先停负载侧，后停电源侧。

    c）在无断路器时，可用隔离开关投切 110kV 及以下且电流不超过 2A 的空载变压器；用于切断 20kV 及以上变压器的隔离开关，必须三相联动且装有消弧角；装在室内的隔离开关必须在各相之间安装耐弧的绝缘隔板。若不能满足上述规定，又必须用隔离开关操作时，需经本单位总工程师批准。

5.2.4 新投运的变压器应按 GB 50148 中 2.10.1 条和 2.10.3 条规定试运行。更换绕组后的变压器参照执行，其冲击合闸次数为 3 次。

【条文解读】

切空载变压器时，可能产生操作过电压。投空载变压器时，会产生励磁涌流。因此，冲击合闸试验的目的主要是检查变压器绝缘强度能否承受全电压或操作过电压的冲击；考核变压器在大的励磁涌流作用下的机械强度和继电保护是否出现误动。

5.2.5 新安装和大修后的变压器应严格按照有关标准或厂家规定真空注油和热油循环，真空度、抽真空时间、注油速度及热油循环时间、温度均应达到要求。对有载分接开关的油箱应同时按照相同要求抽真空。装有密封胶囊或隔膜的大容量变压器，必须严格按照制造厂说明书规定的工艺要求进行注油，防止空气进入，并结合大修或停电对胶囊和隔膜的完好性进行检查。

5.2.6 新装、大修、事故检修或换油后的变压器，在施加电压前静止时间不应少于以下规定：

　　a）　110kV 为 24h；

　　b）　220kV 为 48h；

　　c）　500（330）kV 为 72h；

　　d）　750kV 为 96h。

　　装有储油柜的变压器，带电前应排尽套管升高座、散热器及净油器等上部的残留空气。对强油循环变压器，应开启油泵，使油循环一定时间后将气排尽。开泵时变压器各侧绕组均应接地，防止油流静电危及操作人员的安全。

5.2.7 在 110kV 及以上中性点有效接地系统中，投运或停运变压器的操作，中性点必须先接地。投入后可按系统需要决定中性点是否断开。110kV 及以上中性点接小电抗的系统，投运时可以带小电抗投入。

5.2.8 干式变压器在停运和保管期间，应防止受潮。

5.3　保护装置的运行维护

【条文解读】

　　将原规程中"瓦斯保护装置的运行"等进行了整合，形成"保护装置的运行维护"一节，重点修订、完善了"气体继电器"、"压力释放阀"等部分，新增了"突变压力继电器"、"温度计"、"油位计"、"冷却器"、"油流继电器"等非电量保护器件的运行维护要求。主要有：

（1）特别强调"变压器运行时气体继电器应有两副触点，完全独立回路，一套用于轻瓦斯报警，另一套用于重瓦斯跳闸。"

（2）增加"已运行的气体继电器应每 2 年～3 年开盖一次，进行内部结构和动作可靠性检查，对保护大容量、超高压变压器的气体继电器，更应加强其二次回路维护工作。"本规定主要是要求运行人员对其进行必要的监督。

（3）增加了"突变压力继电器"的压力值设定、安装位置、安装方向等相关要求。突变压力继电器宜投信号。

（4）增加了"变压器本体应设置油面过高和过低信号，有载调压开关宜设置油面过高和过低信号"的条款。弱化了与相应环境温度相对应的温度标志。

（5）增加了对"温度计"、"冷却器"、"油流继电器"等的要求；"对非电量保护的元件、触点和回路应定期进行检查和试验"也作了明确规定，应逐条认真学习。

5.3.1 气体继电器。

a） 变压器运行时气体继电器应有两副触点，彼此间完全电气隔离。一套用于轻瓦斯报警，另一套用于重瓦斯跳闸。有载分接开关的瓦斯保护应接跳闸。当用一台断路器控制两台变压器时，当其中一台转入备用，则应将备用变压器重瓦斯改接信号。

b） 变压器在运行中滤油、补油、换潜油泵或更换净油器的吸附剂时，应将其重瓦斯改接信号，此时其他保护装置仍应接跳闸。

c） 已运行的气体继电器应每 2 年～3 年开盖一次，进行内部结构和动作可靠性检查。对保护大容量、超高压变压器的气体继电器，更应加强其二次回路维护工作。

d） 当油位计的油面异常升高或呼吸系统有异常现象，需要打开放气或放油阀门时，应先将重瓦斯改接信号。

e)　在地震预报期间，应根据变压器的具体情况和气体继电器的抗震性能，确定重瓦斯保护的运行方式。地震引起重瓦斯动作停运的变压器，在投运前应对变压器及瓦斯保护进行检查试验，确认无异常后方可投入。

【条文解读】

　　有载分接开关气体继电器出现积气现象时应及时检查分析。重视继电器内游离碳的积累，将引起接线端子的绝缘下降或接地现象，应及时清除。新的有载分接开关气体继电器一般都不考虑轻瓦斯发信，这是因为有载分接开关正常切换时要产生一定量的气体。但已经运行的许多变压器都具备轻瓦斯发信功能，而且在运行过程中会发信甚至频繁发信。目前有载分接开关生产厂都认为正常切换时产气并非异常，认为轻瓦斯完全可以取消，但运行经验表明，为安全起见，针对不同的有载分接开关还是应及时做好检查分析。进口如 ABB 传统开关取消了报警功能，国内制造厂华明也提出取消报警功能。对于真空灭弧，应安装气体报警功能。

5.3.2　部分老式有载气体继电器，由于引出线与继电器外壳太近，易产生放电或由于游离碳的积累，造成接线端子绝缘下降，应及时检查清除。

　　运行中的变压器已多次出现因气体继电器触点或二次回路绝缘不良引起的气体继电器误动，故应加强气体继电器触点及二次回路绝缘检查。

5.3.3　突变压力继电器。

a)　当变压器内部发生故障，油室内压力突然上升，压力达到动作值时，油室内隔离波纹管受压变形，气室内的压力升高，波纹管位移，微动开关动作，可发出信号并切断电源使变压器退出运行。突变压力继电器动作压力值一般 25kPa±20%。

b) 突变压力继电器通过一蝶阀安装在变压器油箱侧壁上，与储油柜中油面的距离为 1m～3m。装有强油循环的变压器，继电器不应装在靠近出油管的区域，以免在启动和停止油泵时，继电器出现误动作。

c) 突变压力继电器必须垂直安装，放气塞在上端。继电器正确安装后，将放气塞打开，直到少量油流出，然后将放气塞拧紧。

d) 突变压力继电器宜投信号。

【条文解读】

压力突变继电器的工作原理是很优秀的，它在压力缓慢上升时不动作（相当于油压弹簧避振器的原理结构），只有压力突变到定值时才动作，误动可能性小，但到现场后无法证实它的性能状况，目前运行经验也很少，为此先接信号为宜。缺点是它只能发信号触发开关跳闸，无释压功能，开关跳闸全过程约需 50ms～60ms。

5.3.4 压力释放阀。

a) 变压器的压力释放阀接点宜作用于信号。

b) 定期检查压力释放阀的阀芯、阀盖是否有渗漏油等异常现象。

c) 定期检查释放阀微动开关的电气性能是否良好，连接是否可靠，避免误发信。

d) 采取有效措施防潮、防积水。

e) 结合变压器大修应做好压力释放阀的校验工作。

f) 释放阀的导向装置安装和朝向正确，确保油的释放通道畅通。

g) 运行中的压力释放阀动作后，应将释放阀的机械电气信号手动复位。

【条文解读】

通常，变压器内部线圈的匝、层间短路产生的压力升高，可通过压力释放装置的动作予以释放，使变压器油箱不爆裂。外部穿越性短路电流流过变压器绕组时，引起绕组振动和固体绝缘压缩（绝缘油压出），形成变压器内部压力升高，可能导致压力释放装置动作。这一现象，在变压器耐受突发短路试验中，可以见到。壳式变压器的压力升高问题尤其突出，国内已有数台 500kV 壳式变压器发生过这种情况下的压力释放装置动作。因为壳式变压器线圈呈片状，振动产生的油压升高比圆筒形的芯式变压器绕组严重。为此，压力释放装置的动作压力应选择较高的数值，并与油箱的机械强度相适应。

运行经验表明，压力释放阀（尤其是国产释放阀）在长时间运行后，微动开关由于进水、受潮，对其电气和绝缘性能引起负面影响，应定期进行检查，否则易造成误发信或误跳。

变压器压力释放装置的定值一般为 0.05MPa～0.07MPa，而油箱正压试验仅为 0.12MPa，油压传递虽然较快，还有一定时延，怎么保证压力释放阀动作后油箱不损伤是一个难题。只能说在变压器顶盖两端各装一只释放阀较好，可能减轻损坏程度。压力释放阀动作时延约 0.7ms，如以它来启动跳闸，提早切断电源，消除产生压力的源头，是有好处的，有时比差动、瓦斯保护快。

现在很多运行单位不敢将压力释放装置投跳闸，是因怕压力释放装置的触点误动。因此首先应做好防水、防潮和防杂物的工作，也有提出把两套压力释放装置的触点串联起来，防误动（即降低因误动发信跳闸的概率），但动作速度会降到后一副触点动作时（如只动作一副触点时，则对外等于未发跳闸信号）。是否投跳闸是有争议的，它似当年对待重瓦斯是否投跳一样，如做好相关措施，在确认二次回路及接点绝缘良好的情况下，应投跳闸。

5.3.5 变压器本体应设置油面过高和过低信号，有载调压开关宜设置油面过高和过低信号。

5.3.6 温度计。

    a) 变压器应装设温度保护，当变压器运行温度过高时，应通过上层油温和绕组温度并联的方式分两级（即低值和高值）动作于信号，且两级信号的设计应能让变电站值班员能够清晰辨别。

    b) 变压器投入运行后现场温度计指示的温度、控制室温度显示装置、监控系统的温度三者基本保持一致，误差一般不超过 5℃。

    c) 绕组温度计变送器的电流值必须与变压器用来测量绕组温度的套管形电流互感器电流相匹配。由于绕组温度计是间接的测量，在运行中仅作参考。

【条文解读】

    目前国内外绝大部分变电站绕组温度计采用热模拟法来间接测量变压器绕组温度。所谓热模拟法是用一个流经电热元件的加热电流 I_h 所产生的附加温升 $I_h^2R=\Delta T$。当附加温升 I_h^2R 在数值上完全等同铜油温差 ΔT，此时，绕组温度 $T_w=T_0+\Delta T$，T_0 为顶层油温可以直接测得，从而间接获得变压器绕组温度。绕组温度计是模拟某线圈的温度值，精度较低、易损坏，故在运行中仅作参考。

    d) 应结合停电，定期校验温度计。

【条文解读】

    确保现场温度计指示的温度、控制室温度显示装置、监控系统的温度三者基本保持一致，误差一般不超过 5℃。温度是反映变压器运行状况的重要参数之一，一般变压器都有 2 个或 2 个以上的位置来反映变压器的温度，必须确保各个温度值的一致性。目前有许多运行的变压器现场温度计和监控系统的温度值相差很大，影响了温度监视的真实性，因此必须做好温度的校核和比对工作。考虑到绕组温度是间接测量所得，相对油面温度误差更大，建议只作为参考。按几个表计正确度考虑最大误差约 3K，再考虑读表误差，故提出 5K。

5.3.7　冷却器。

 a)　当冷却系统部分故障时应发信号。

 b)　对强迫油循环风冷变压器，应装设冷却器全停保护。当冷却系统全停时，按要求整定出口跳闸。

 c)　定期检查是否存在过热、振动、杂音及严重漏油等异常现象。如负压区渗漏油，必须及时处理防止空气和水分进入变压器。

 d)　不允许在带有负荷的情况下将强油冷却器（非片扇）全停，以免产生过大的铜油温差，使线圈绝缘受损伤。冷却装置故障时的运行方式见 6.3 节。

5.3.8　油流继电器宜投信号。

【条文解读】

 油流保护是指：变压器如果出现短路故障，电弧引起变压器油气化，油的体积膨胀，造成流经油流继电器的流速快，油流继电器发出跳闸信号。

5.3.9　对无人值班站，调度端和集控端应有非电量保护信号的遥信量。

5.3.10　变压器非电量保护的元件、触点和回路应定期进行检查和试验。

5.4　变压器分接开关的运行维护

5.4.1　无励磁调压变压器在变换分接时，应做多次转动，以便消除触头上的氧化膜和油污。在确认变换分接正确并锁紧后，测量绕组的直流电阻。分接变换情况应做记录。

5.4.2 变压器有载分接开关的操作，应遵守如下规定：

    a） 应逐级调压，同时监视分接位置及电压、电流的变化；

    b） 单相变压器组和三相变压器分相安装的有载分接开关，其调压操作宜同步或轮流逐级进行；

    c） 有载调压变压器并联运行时，其调压操作应轮流逐级或同步进行；

    d） 有载调压变压器与无励磁调压变压器并联运行时，其分接电压应尽量靠近无励磁调压变压器的分接位置；

    e） 应核对系统电压与分接额定电压间的差值，使其符合4.1.1 条的规定。

5.4.3 变压器有载分接开关的维护，应按制造厂的规定进行，无制造厂规定者可参照以下规定：

    a） 运行 6 个月～12 个月或切换 2000 次～4000 次后，应取切换开关箱中的油样做试验；

    b） 新投入的分接开关，在投运后 1 年～2 年或切换 5000 次后，应将切换开关吊出检查，此后可按实际情况确定检查周期；

    c） 运行中的有载分接开关切换 5000 次～10 000 次后或绝缘油的击穿电压低于 25kV 时，应更换切换开关箱的绝缘油；

    d） 操作机构应经常保持良好状态；

    e） 长期不调和有长期不用分接位置的有载分接开关，应在有停电机会时，在最高和最低分接间操作几个循环。

【条文解读】

    有些变压器的有载分接开关长期不用，有的分接开关经常只在很少几个分接位置上运行，这些长期使用或不用的触点将产生氧化膜和污垢。为避免对试验和使用的影响，需要利用切换的方法清除氧化膜和污垢。

长期使用的无励磁分接开关，即使运行不要求改变分接位置，也应结合变压器预试停电主动转动分接开关，防止运行触点接触状态的劣化。长时间使用的分接开关触点，由于电流、热和化学等因素的作用，会生成氧化膜，使接触状态会变差。通过转动触点，有利于磨掉氧化膜。当改变无励磁分接开关的分接位置后，进行直流电阻和变比测量可以检查分接触点接触和挡位的正确性，且相对容易，测试结果也更直观、准确。

5.4.4　为防止分接开关在严重过负载或系统短路时进行切换，宜在有载分接开关自动控制回路中加装电流闭锁装置，其整定值不超过变压器额定电流的 1.5 倍。

5.5　发电厂厂用变压器，应加强清扫，防止污闪、封堵孔洞，防止小动物引起短路事故；应记录近区短路发生的详细情况。

【条文解读】

发电机厂厂用变压器停电后果比较严重，将影响多台机组的运行。因此，在此处重点强调。所有变压器都应考虑采取相同措施。

5.6　防止变压器短路损坏。

【条文解读】

变压器因外部短路引起的事故较多，耐受突发短路的能力是应该重点关注的变压器问题之一。110（66）kV 变压器应按照原电力部和机械部的文件精神，制造厂应提供同类型变压器耐受突发短路的试验报告；因国内试验条件的原因，220kV～500（330）kV 变压器应提供同类型变压器耐受突发短路的试验报告或计算报告。新订变压器的绕组受力和强度应得到耐受过突发短路试验的变压器或模型绕组的验证，或耐受短路的计算方法经过试验验证。对于多台使用的变压器，需要重点考核其耐受突发短路能力时，且试验设备和工期等满足条件，可抽样进行耐受突发短路的试验。在设计联络会期间，制造厂应提供订货变压器每一个线圈（包括稳定绕组）耐受短路的计算报告，并确保具有足够的安全裕度。出现过短路损坏变压器的制造厂，不论是否有承受短路试验能力的试验报告，均应提供损坏原因分析和整改措施报告。

针对目前电网内变压器短路损坏事故较多的现实，增加了"5.6 防止变压器短路损坏"一节，提出了减少短路损坏的措施及要求。这些要求大部分是在设计、施工或检修、维护时需要进行的工作，作为运行人员，掌握这些要求，便于在设计审查、工程验收时进行监督。有些措施是在反措中有明确规定的，各单位应认真逐一落实。

5.6.1　容性电流超标的 35（66）kV 不接地系统，宜装设有自动跟踪补偿功能的消弧线圈或其他设备，防止单相接地发展成相间短路。

【条文解读】

《交流电气装置的过电压保护和绝缘配合》（DL/T 620—1997）中对容性电流作了详细的规定，其与是否带发电机系统、杆塔材质等因素都有关系。不同情况下对容性电流的规定值都不同，实际执行中应先查规程再对电容电流超标的系统加装消弧线圈等。

5.6.2　采取分裂运行及适当提高变压器短路阻抗、加装限流电抗器等措施，降低变压器短路电流。

【条文解读】

条文理解是应注意，变压器分裂运行的概念与分裂变压器完全不同。分裂变压器在结构上与常规不同，低压侧有两个绕组，两个绕组的参数完全相同，但是两个绕组之间的阻抗很大。而母线分裂运行是将一段母线分为两段，有两个电源分别给这两段母线供电，用电负荷分别接在不同的母线段上。有一些工厂还将两段母线之间加上分段断路器，一旦一段母线失去电源，可以用另一段母线向其供电。分裂变压器可以降低低压侧的短路电流，而分裂母线是否能够降低短路电流，要看其接线方式。如果由于母线分裂而将原来需要一个大的电源，分为两个小容量电源，那么短路电流会降低。如果电源没有因为母线分裂而变小，那么短路电流不变。

5.6.3 对于电缆出线故障多为永久性的，因此不宜采用重合闸。例如：对 6kV～10kV 电缆或短架空出线多，且发生短路事故次数多的变电站，建议停用线路自动重合闸，防止变压器连续遭受短路冲击。

5.6.4 加强防污工作，防止相关变电设备外绝缘污闪。对 110kV 及以上电压等级变电站电瓷设备的外绝缘，可以采用调整爬距、加装硅橡胶辅助伞裙套，涂防污闪涂料，提高外绝缘清扫质量等措施，避免发生污闪、雨闪和冰闪。特别是变压器的低压侧出线套管，应有足够的爬距和外绝缘空气间隙，防止变压器套管端头间闪络造成出口短路。

5.6.5 加强对低压母线及其所连接设备的维护管理，如母线采用绝缘护套包封等；防止小动物进入造成短路和其他意外短路；加强防雷措施；防止误操作；坚持变压器低压侧母线的定期清扫和耐压试验工作。

5.6.6 加强开关柜管理，防止配电室火灾蔓延。当变压器发生出口或近区短路时，应确保断路器正确动作切除故障，防止越级跳闸。

5.6.7 对 10kV 的线路，变电站出口 2km 内可考虑采用绝缘导线。

【条文解读】

变电站出口架空线使用绝缘导线可减少近区短路的次数，2km 以外由于线路阻抗的影响，短路电流对变压器的冲击已经大为减小，一般不会造成变压器短路损坏事故。

5.6.8 随着电网系统容量的增大，有条件时可开展对早期变压器产品抗短路能力的校核工作，根据设备的实际情况有选择性地采取措施，包括对变压器进行改造。

【条文解读】

> 早期产品存在抗短路能力不足的问题，随着电网系统容量的增长，有的变压器不能满足安全运行的情况日益突出。根据变压器所处位置的重要性和能掌握的变压器内部结构资料，可对其抗短路能力进行校核。在采取防止变压器外部短路措施的基础上，对抗短路能力严重不足的变压器，结合老旧设备改造，进行部分线圈甚至整个变压器的更新改造。

5.6.9 对运行年久、温升过高或长期过载的变压器可进行油中糠醛含量测定，以确定绝缘老化的程度，必要时可取纸样做聚合度测量，进行绝缘老化鉴定。

5.6.10 对早期的薄绝缘、铝线圈变压器应加强跟踪，变压器本体不宜进行涉及器身的大修。若发现严重缺陷，如绕组严重变形、绝缘严重受损等，应安排更换。

【条文解读】

> 早期的薄绝缘指 20 世纪 70 年代生产的薄绝缘变压器：该类变压器的匝间绝缘比现行正常变压器的匝间绝缘（1.95mm、1.35mm）要相对薄弱，且由于当时制造工艺及材料的原因，此类变压器事故率相对较高，同时普遍存在抗短路能力不足问题。若发现危害绕组绝缘（如绕组严重变形、绝缘严重劣化等），或组附件（如分接开关、冷却器、套管等）严重缺陷时或其他原因必须实施技改时，宜采用整体替换的方式进行改造。20 世纪 80 年代开始改造，经多年反错，目前遗留的数量已经非常少。
>
> 10MVA 及以上容量铝线圈变压器：该类变压器存在的主要问题包括抗短路能力较弱、工艺难度大、运行风险高。根据变压器所处区域和运行环境不同，可采用整体替换、部件更换、

改善外部运行环境等技术手段进行技术改造。

变压器技术改造计划中，应对铝线圈变压器加强运行监测，不应进行涉及器身的大修或异地使用，并视条件制订技术改造计划。

以上产品都已经到了寿命的晚期，由于早期工厂制造水平和绝缘老化等因素的影响，其已经到了事故多发期，应加强监督和跟踪。若发现严重缺陷，如绕组严重变形、绝缘严重受损等应安排更换，而不宜进行涉及器身的大修。一方面在大修处理中，容易因为受潮和机械紧固等因素，导致变压器事故；另一方面此类变压器的损耗普遍较大，从运行经济性的角度考虑，大修也不适合，应安排更换处理。

6 变压器的不正常运行和处理

6.1 运行中的不正常现象和处理

6.1.1 值班人员在变压器运行中发现不正常现象时，应报告上级和做好记录，并设法尽快消除。

6.1.2 变压器有下列情况之一者应立即停运，若有运用中的备用变压器，应尽可能先将其投入运行：

a) 变压器声响明显增大，很不正常，内部有爆裂声；

b) 严重漏油或喷油，使油面下降到低于油位计的指示限度；

c) 套管有严重的破损和放电现象；

d) 变压器冒烟着火；

e) 干式变温度突升至120℃。

【条文解读】

在变压器应立即停运的要求中，增加了"干式变压器温度突升至120℃"这一规定。主要只在负荷无明显变化的情况下，温度突升应引起重视。

6.1.3 当发生危及变压器安全的故障，而变压器的有关保护装置拒动时，值班人员应立即将变压器停运。

6.1.4 当变压器附近的设备着火、爆炸或发生其他情况，对变压器构成严重威胁时，值班人员应立即将变压器停运。

【条文解读】

> 由于套管爆炸将造成变压器油的泄漏，值班人员检查时应注意人身安全，注意事故现场的隔离和消防防备工作，防止火灾的发生和事故的扩大。由于套管末屏接地接触不良造成套管故障的情况较多，在检查时和更换套管后应注意套管末屏的接地问题。

6.1.5 变压器油温指示异常时，值班人员应按以下步骤检查处理：

a) 检查变压器的负载和冷却介质的温度，并与在同一负载和冷却介质温度下正常的温度核对。

b) 核对温度测量装置。

c) 检查变压器冷却装置或变压器室的通风情况。

d) 若温度升高的原因是由于冷却系统的故障，且在运行中无法修理者，应将变压器停运修理；若不能立即停运修理，则值班人员应按现场规程的规定调整变压器的负载至允许运行温度下的相应容量。

e) 在正常负载和冷却条件下，变压器温度不正常并不断上升，应查明原因，必要时应立即将变压器停运。

f) 变压器在各种超额定电流方式下运行，若顶层油温超过105℃时，应立即降低负载。

【条文解读】

> （1）变压器油温高的危害。变压器温度过高对变压器是极其有害的，变压器绝缘损坏大多是由于过热引起的，温度的升高降低了绝缘材料的耐压能力和机械强度，使绝缘老化严重、

加快绝缘油的劣化；变压器最热点温度达 140℃时，油中会产生气泡，降低绝缘或引发闪络，造成变压器损坏；另外，变压器温度高对变压器的使用寿命影响也相当大。变压器的 6℃法则指出，在 80℃～140℃范围内，温度每增高 6℃，变压器绝缘有效使用的寿命降低速度会增加一倍。因此，运行人员在值班期间对变压器的油温要认真地监视，发现油温异常升高时，要及时地采取有效措施。

（2）温度异常升高的原因及措施：

1）变压器内部故障，如变压器绕组匝间或层间短路、线圈对周围放电、内部引线接头发热、铁芯多点接地使涡流增大过热等，都会使变压器油的温度升高。若发现变压器上层油温超过允许值或温升超过规定值，或在相同运行条件下上层油温比平时高出 10℃以上，或负载不变而温度不断上升，而在冷却装置运行正常、温度表无误差及失灵或遥测值没有误指示的情况下，则可判断为变压器内部出现异常现象，应立即停电处理。

2）冷却系统运行不正常，如潜油泵停运、风扇损坏、散热器管道积垢冷却效果不佳等，也会使变压器油温升高。这种情况下，应按规程规定调整变压器负荷至相应值，直至温度降到允许值为止，并对冷却装置的缺陷立即进行处理。若冷却系统因故障需全部退出运行，应将负荷倒出后，将变压器停用。

3）变压器过负荷时也会引起变压器油的温度升高，这时应将冷却器全部投入运行，并加强对变压器及相关设备的巡视检查，若超过允许运行时间，应立即减负荷。另外，加强对变压器油温的监视，必要时向调度申请及时调整运行方式，调整负荷的分配。

6.1.6　变压器中的油因低温凝滞时，应不投冷却器空载运行，同时监视顶层油温，逐步增加负载，直至投入相应数量冷却器，转入正常运行。

6.1.7 当发现变压器的油面较当时油温所应有的油位显著降低时，应查明原因。补油时应遵守本规程 5.3 节的规定，禁止从变压器下部补油。

6.1.8 变压器油位因温度上升有可能高出油位指示极限，经查明不是假油位所致时则应放油，使油位降至与当时油温相对应的高度，以免溢油。

【条文解读】

变压器油位在正常运行情况下会随着油温的变化而变化，因为油温的变化直接影响变压器油的体积，使油位上升或下降，油位过高或过低均属不正常现象。

油位过低会使轻瓦斯保护动作，严重低时铁芯和绕组暴露在空气中容易受潮，并可能造成绝缘击穿，导致事故；油位过高会造成储油柜内的油或变压器箱体内的油压力高，使变压器出现溢油现象或使油从箱体不严处漏油。所以，油位出现过高或过低情况时，必须查明原因，及时纠正，防止造成严重后果。

6.1.9 铁芯多点接地而接地电流较大时，应安排检修处理。在缺陷消除前，可采取措施将电流限制在 300mA 左右，并加强监视。

【条文解读】

铁芯出现多点接地，采取措施将电流限制在 300mA 左右，比原标准 100mA 左右要求有所放宽，100mA 左右也是一个经验值。有的单位担心发生雷电过电压时铁芯对地电位可能升高，与串联电阻并联一个 $2\mu F \sim 8\mu F$ 的电容，这些方法可以进行试验并进行进一步总结。

6.1.10 系统发生单相接地时，应监视消弧线圈和接有消弧线圈的变压器的运行情况。

6.2　气体继电器动作的处理

6.2.1　瓦斯保护信号动作时，应立即对变压器进行检查，查明动作的原因，是否因积聚空气、油位降低、二次回路故障或是变压器内部故障造成的。如气体继电器内有气体，则应记录气量，观察气体的颜色及试验是否可燃，并取气样及油样做色谱分析，可根据有关规程和导则判断变压器的故障性质。

若气体继电器内的气体为无色、无臭且不可燃，色谱分析判断为空气，则变压器可继续运行，并及时消除进气缺陷。

若气体是可燃的或油中溶解气体分析结果异常，应综合判断确定变压器是否停运。

6.2.2　瓦斯保护动作跳闸时，在查明原因消除故障前不得将变压器投入运行。为查明原因应重点考虑以下因素，作出综合判断：

　　a)　是否呼吸不畅或排气未尽；

　　b)　保护及直流等二次回路是否正常；

　　c)　变压器外观有无明显反映故障性质的异常现象；

　　d)　气体继电器中积集气体量，是否可燃；

　　e)　气体继电器中的气体和油中溶解气体的色谱分析结果；

　　f)　必要的电气试验结果；

　　g)　变压器其他继电保护装置动作情况。

【条文解读】

　　重瓦斯保护动作时，在查明原因消除故障之前不得将变压器投入运行。变压器重瓦斯动作除保护误动外，变压器内部损坏的可能性较大，为避免变压器的进一步损坏，特作此规定。

　　为避免重瓦斯保护误动作，变压器在运行中对变压器进行滤油、补油、换潜油泵、更换净油器的吸附剂及当油位异常或呼吸系统异常而打开放气或放油等情况时，若未将重瓦斯改信号，就有可能发生重瓦斯动作跳闸，在检查时应排除类似情况的可能性。

本气体继电器若有气体应取气，并将该气体做气相色谱分析，以判断气体来源和变压器故障性质。

6.2.3 变压器承受短路冲击后，应记录并上报短路电流峰值、短路电流持续时间，必要时应开展绕组变形测试、直流电阻测量、油色谱分析等试验。

【条文解读】

在 6.2 气体继电器动作的处理一节，增加了 6.2.3 "变压器承受短路冲击后，应记录并上报短路电流峰值、短路电流持续时间，必要时应开展绕组变形测试、直流电阻测量、油色谱分析等试验"。绕组变形测试包括绕组频响、电容量、电压阻抗测量，以便综合分析、判断绕组是否存在变形等异常情况。

6.3 冷却装置故障时的运行方式和处理要求

【条文解读】

将原标准的 4.4.2 和 4.4.3 的内容移至 6.3，形成了"冷却装置故障时的运行方式和处理要求"一节，对油浸（自然循环）风冷和干式风冷变压器、强油循环风冷和强油循环水冷变压器的冷却装置全停及部分故障的要求进行了说明。该条款增加了"对于同时具有多种冷却方式（如 ONAN、ONAF 或 OFAF）变压器应按制造厂规定执行。冷却装置部分故障时，变压器的允许负载和运行时间应参考制造厂规定"。采用多种冷却方式的变压器首先应用在一些国外或合资生产的变压器上，目前，国内生产的变压器已有采用此类冷却方式的了。

油浸（自然循环）风冷和干式风冷变压器，风扇停止工作时，允许的负载和运行时间应按制造厂的规定。油浸风冷变压器当冷却系统部分故障停风扇后，顶层油温不超过 65℃时，允许带额定负载运行。

6.3.1　强油循环风冷和强油循环水冷变压器，在运行中，当冷却系统发生故障切除全部冷却器时，变压器在额定负载下允许运行时间不小于 20min。当油面温度尚未达到 75℃时，允许上升到 75℃，但冷却器全停的最长运行时间不得超过 1h。对于同时具有多种冷却方式（如 ONAN、ONAF 或 OFAF）变压器应按制造厂规定执行。冷却装置部分故障时，变压器的允许负载和运行时间应参考制造厂规定。

【条文解读】

（1）冷却器全停要关注的焦点问题是线圈的最热点温度，以防变压器局部过热导致损坏，而在这种情况下即便是绕组温度计显示的温度值也与最热点温度相差甚远，因此，必须按制造厂或规程规定要求进行处理。

（2）冷却装置相应有自然油循环冷却用的散热器（例如，片式散热器）和强油循环冷却用的冷却器（例如，冷却铜管上绕小散热片的强油冷却器）。一台变压器可同时具有多种冷却方式，例如上述一种、两种或三种等组合的冷却方式。考虑到变压器运行维护的简化，如考虑便于无人值班，以及降低变压器噪声等因素，110(66)kV～220kV 变压器一般采用自然（ONAN）或自然油循环风冷却（ONAF）方式。对于 220kV～500（330）kV 可考虑采用一种、两种或三种组合的冷却方式。可采用无自然冷却能力的强油冷却方式，即 OFAF、ODAF 冷却器冷却方式；也可采用当运行负荷小于 67%额定负荷时自然冷却（ONAN）、运行负荷超过 67%额定负荷时自然油循环风冷（ONAF）、或 100%容量强油循环风冷（OFAF、ODAF）的片式散热器组合式冷却方式。后者是近年来出现的一种新组合冷却方式，它基于一种在停机（停油泵）时仍有油流可通过的油泵（轴流泵或升降泵）和变压器的负荷经常在 80%额定容量以下的情况，变压器长时间运行在自然油循环风冷的冷却方式，具有维护简便的优点。当变压器负荷超过 80%额定容量后，才开启油泵，满足不长时间的大负荷需要。这种具有油泵的自然油循环和强油循环组合冷却变压器内部也可有油导向结构，它基于变压器的结构和成功的运行经验。

关于变压器具体采用何种冷却方式，可根据上述原则和GB/T 17468—1998《电力变压器选用导则》有关内容，结合本地区对变压器的具体要求进行选择。前者，主要是根据近年来变压器制造技术的发展、简化变压器运行维护和降低噪声提出了补充的冷却方式选用原则，与后者有一定差异。

6.4　变压器跳闸和灭火

6.4.1　变压器跳闸后，应立即查明原因。如综合判断证明变压器跳闸不是由于内部故障所引起，可重新投入运行。

若变压器有内部故障的征象时，应作进一步检查。

【条文解读】

变压器跳闸时，在查明原因消除故障之前不得将变压器投入运行。这是为了避免变压器等重要设备受到再次充电造成的进一步损坏，同时也防止故障的进一步扩大而影响电网安全运行。

变电值班员的检查侧重于故障现象的检查，以提供对故障情况的初步判断，为安排处理提供依据。同时，要监测各设备的负荷情况，防止因一台变压器切除后，其他设备的过负荷而出现新的问题。对出现的紧急情况，如设备着火、导线断线等情况，采取紧急隔离、报警，在确保人身安全的前提下采取适当的灭火等措施，及时进行处理。

检修人员的检查、试验侧重于对故障情况、性质、原因的检查发现，以确定处理方案。对变压器的有关试验可参照《电力设备预防性试验规程》（DL/T 596）的项目、标准，结合对故障情况的判断，重点安排必要的试验项目，如主变压器的直流电阻、绝缘电阻、绕组泄漏电流、变压比、本体及有载分接开关油的油击穿电压及微水试验，本体气体继电器积聚气体的色谱试验等。

　　检修人员还要检查差动范围内的其他设备的运行情况，包括主变压器三侧的电流互感器、断路器、隔离开关、穿墙套管及引线等设备。若发现该类设备有问题处理的同时，也需要对变压器进行检查试验，以避免同时多台设备发生故障的可能性（特别是中性点不接地系统）。

6.4.2　装有潜油泵的变压器跳闸后，应立即停油泵。

6.4.3　变压器着火时，应立即断开电源，停运冷却器，并迅速采取灭火措施，防止火势蔓延。

【条文解读】

　　如变压器起火扩散或影响到其他间隔设备的安全运行，则应断开相应设备的电源，避免事故的进一步扩大。

　　立即切除变压器所有二次控制电源，包括冷却系统电源及控制电源、有载分接开关操作电源及控制电源、各种保护（如瓦斯保护、压力释放阀等）的控制电源、温度计、油位计回路电源等。

　　本"运行规范"没专门提出固定灭火装置，它是变压器外辅助部分，如同接地装置、蓄油排油系统、三侧的避雷器等一样未列入本规范中。另外，如何选择和用好固定灭火装置是讨论安全运行时常常遇到的问题。水喷雾难维护，北方寒冷地区不适用；充氮灭火保护，从原理讲只能对顶部喷火燃烧一类有效。对于这两种灭火装置，因为担心误动，有些运行单位并未投入自动状态，这些都影响灭火效果。《国家电网公司十八项电网重大反事故措施》（试行）（国家电网生技［2005］400号）中9.9.1条提出"按照有关规定完善变压器的消防设施，并加强维护管理，重点防止变压器着火时的事故扩大"。说明由于消防设施不够完善，在加强维护管理的基础上，重点是发生火灾后要防止事故扩大，是符合现实情况的。

7 变压器的安装、检修、试验和验收

7.1 变压器的安装项目和要求，应按GB 50148中的要求，以及制造厂的特殊要求。

【条文解读】

投运前设备的验收包括验收条件、项目、内容、要求，以及方法等。也包括检修后投运前的验收。列项具体明确，做到不漏项。变压器和电抗器送电前必须试验合格，各项检查项目合格，各项指标满足要求，保护按整定配置要求投入，保护整定过程中应考虑励磁涌流的影响，并经验收合格，方可投运。本条规定了变压器和电抗器在投运前必须确保完好，各项投运前的准备工作已经就绪。

7.2 运行中的变压器是否需要检修和检修项目及要求，应在综合分析下列因素的基础上确定：

  a) DL/T 573 电力变压器检修导则推荐的检修周期和项目；

  b) 结构特点和制造情况；

  c) 运行中存在的缺陷及其严重程度；

  d) 负载状况和绝缘老化情况；

  e) 历次电气试验和绝缘油分析结果；

  f) 与变压器有关的故障和事故情况；

  g) 变压器的重要性。

7.3 变压器有载分接开关是否需要检修和检修项目及要求，应在综合分析下列因素的基础上确定：

  a) DL/T 574 有载分接开关运行维修导则推荐的检修周期和项目；

b) 制造厂有关的规定；

c) 动作次数；

d) 运行中存在的缺陷及其严重程度；

e) 历次电气试验和绝缘油分析结果；

f) 变压器的重要性。

7.4 变压器的试验周期、项目和要求，按DL/T 596电力设备预防性试验规程和设备运行状态综合确定。

7.5 新安装变压器的验收应按GB 50148中2.10条的规定和制造厂的要求。

【条文解读】

新投运设备的验收，应遵照工程建设的有关标准，"运行规范"中仅列出了验收项目，包括设备运抵现场就位后的验收，变压器安装、试验完毕后的验收以及审批等内容，达到不漏项的目的。

7.6 变压器检修后的验收按GB/T 573和电力设备预防性试验规程的规定。

【条文解读】

检修设备的验收包括大修验收（包括更换线圈和更换内部引线等）、小修验收、试验、竣工资料和审批等内容，应突出检修全过程的观察、检查、记录的注意点。

附　录
（资料性附录）
自耦变压器的等值容量（补充件）

本附录适用于额定容量200MVA及以下的三相自耦变压器的等值容量变换，其等值容量 S_t 不超过 100MVA。等值容量在0MVA～100MVA之间时，其相应的短路阻抗 Z_t 从 25%线性降至15%。

组成三相变压器组的单相变压器，其额定容量及等值容量的适用限值分别不超过 66.6MVA/柱和 33.3MVA/柱。

三相自耦变压器等值变换：

$$S_t = S_r / (U_1 - U_2) / U_1$$
$$Z_t = Z_r U_1 / (U_1 - U_2)$$

自耦变压器每柱额定容量变换：

$$S_t = S_N / W \times (U_1 - U_2) / U_1$$
$$Z_t = Z_r U_1 / (U_1 - U_2)$$

式中　U_1——高压侧电压（主分接）；

$\quad\quad U_2$——低压侧电压；

$\quad\quad S_N$——自耦变压器额定容量，MVA；

$\quad\quad S_t$ ——等值容量，MVA；

$\quad\quad Z_t$ ——相应于 S_t 的短路阻抗，%；

$\quad\quad Z_r$ ——相应于 S_r 的短路阻抗，%；

$\quad\quad W$ ——心柱数。

【条文解读】

对自耦变压器的等值容量加以说明，主要是考虑三相自耦变压器，每个绕组的负载电流标幺值是不相等的，因此，需要在选用负载系数时，要按负载电流最大绕组的标幺值来确定。